浙江

高弹性配电网
规划工作手册

黄晓尧　主编

中国电力出版社
CHINA ELECTRIC POWER PRESS

内 容 提 要

本书立足浙江新型电力系统省级示范区建设实际，系统性整理了高弹性配电网规划设计工作的内容和方法。主要内容包括总论、配电网发展诊断、规划场景构建、负荷预测及电力平衡、高弹性网架规划、分布式电源接入、电动汽车充电设施接入、储能配置及接入、综合能源系统规划、智能化及数字化规划、防汛防台规划、规划项目库构建、规划成效分析、规划计划管理、高弹性配电网示范规划。

本书为配电网高质量发展提供了前瞻的技术指引和有效的工作支撑，可供从事配电网规划、建设、运维等专业工作人员学习参考。

图书在版编目（CIP）数据

高弹性配电网规划工作手册/黄晓尧主编．—北京：中国电力出版社，2022.6

ISBN 978-7-5198-6651-8

Ⅰ.①高… Ⅱ.①黄… Ⅲ.①配电系统—电力系统规划—手册 Ⅳ.①TM715-62

中国版本图书馆 CIP 数据核字（2022）第 059844 号

出版发行：中国电力出版社
地　　址：北京市东城区北京站西街 19 号（邮政编码 100005）
网　　址：http：//www.cepp.sgcc.com.cn
责任编辑：孙　芳（010-63412381）
责任校对：黄　蓓　李　楠
装帧设计：赵姗姗
责任印制：吴　迪

印　　刷：三河市万龙印装有限公司
版　　次：2022 年 6 月第一版
印　　次：2022 年 6 月北京第一次印刷
开　　本：787 毫米×1092 毫米　16 开本
印　　张：8.75
字　　数：188 千字
印　　数：0001—1500 册
定　　价：80.00 元

编委会

主　编：黄晓尧

副主编：史兴华

编　委：李继红　郭云鹏　邵学俭　郑伟民　孙志鹏
孙　可　张笑弟　朱　超　王　蕾　何英静
高　强　潘　弘　戴　攀　郁家麟　王　坤
邱　逸　陈　鼎　赵天煜　张清周　刘　伟
翁秉宇　季克勤　刘曌煜　胡哲晟　王新禹
谭将军　黄晶晶　张曼颖　邹　波　郑振华
袁　翔　张利军　孙轶恺　叶承晋　林振智

前　言

新型电力系统背景下，配电网涵盖电力生产、传输、存储和消费的全部环节，是发展新模式、开创新业务、拓展新业态的重要载体。为适应新形势、新要求，全面提升规划设计理念，规范规划工作流程，统一高弹性配电网规划建设标准，在继承已有规划设计技术导则和相关标准依据的基础上，紧密结合新型电力系统构建和共同富裕示范区建设，充分借鉴国内外先进成果经验和国网浙江省电力有限公司研究成果，深入贯彻多元融合高弹性电网的理念和思路，编制完成《高弹性配电网规划工作手册》。

手册详细介绍了高弹性配电网规划设计的流程、方法及管理要求，明确了技术参数，涵盖了总论、发展诊断、场景构建、电力平衡、网架规划等十五个章节。

手册着重体现了高弹性配电网规划的“三个转变”。第一，规划目标由以可靠性为中心向兼顾灵活性、可靠性、经济性等多维需求转变。第二，规划方法由网格化规划向场景化规划延伸。随着接网元素的不断丰富和电网形态的持续演进，区域资源禀赋和发展定位对配电网发展的影响越来越大，因此开展基于场景的差异化规划，对配电网高质量发展意义重大。第三，规划对象由供电网络向能源网络拓展，以实现源网荷储协调运行和多种能源互补互济。

手册在编写过程中，得到公司各级单位的大力支持和多位配网专家的悉心指导，希望能为浙江配电网的高质量发展提供有效的技术指引和工作支撑。书中不足之处，敬请提出宝贵意见和建议。

编　者

2022 年 6 月

目　录

1 总论

1.1 工作背景

2021 年 3 月 15 日，习近平总书记在中央财经委第九次会议上，提出构建以新能源为主体的新型电力系统，为新时期能源电力发展明确了方向。国家电网有限公司（以下简称国网公司）在《构建以新能源为主体的新型电力系统行动方案（2021—2030 年）》中，赋予浙江建设新型电力系统省级示范区的重大使命。国网浙江省电力有限公司（以下简称国网浙江电力）以多元融合高弹性电网为关键路径，持续提升电网高承载、高互动、高自愈、高效能的“四高”能力，引领全国首个新型电力系统省级示范区高标准建成，支撑浙江高质量实现“碳达峰、碳中和”目标。

配电网是高弹性电网建设的主战场，是实现清洁能源就近消纳、多元负荷聚合互动、信息物理全面融合、综合能源互联互通的关键环节。在能源低碳转型的背景下，配电网发展面临重大挑战。一是网络形态发生深刻变化。新能源大规模并网和新型用能设施大量接入，导致配电网潮流多向化，源荷双重不确定性叠加，规划和运行难度加大。二是资源配置效率有待提升。以冗余保安全的发展模式使配电设施整体利用效率不高，投资效益低下。三是状态感知能力明显不足。智能终端覆盖面窄，通信带宽受限，难以满足多元业务需求。四是调度控制模式有待变革。传统配电网的调度控制体系难以满足海量用户侧资源参与供需互动的需求。五是能源互联生态尚未形成。配电网在提升能效、挖掘用户价值等方面潜力巨大，但多方共赢、价值共生的可持续机制发展滞缓。

面临新形势、新挑战、新机遇，配电网的功能形态、特征内涵发生了重大变化，因此规范并统一高弹性配电网规划工作是构建新型电力系统的必要一环。

1.2 高弹性配电网概述

2020 年 9 月 26 日，中国能源研究会主办、国网浙江省电力有限公司协办的以“建设能源互联网　为美丽中国赋能”为主题的能源互联网形态下多元融合高弹性电网高端研讨会在杭州举办。国网浙江电力董事长尹积军发表“建设能源互联网 为美丽中国赋能——以多元融合高弹性电网建设推动能源高质量发展”主旨演讲，首次提出了多元融合高弹性电网，并明确了概念设计、框架体系、建设路径和未来愿景。他强调，要以多元融合高弹性电网建设推动能源互联网在浙江率先实践，打造能源互联新形态，构建能源互联网生态圈，实现保障能源安全、推动低碳发展、降低用能成本的能源高质量发展“三重目标”，创造能源互联网省域实践的“浙江经验”和“浙江样本”。

高弹性配电网作为多元融合高弹性电网的重要组成，定位为以传统坚强智能配电网为平台，融合先进信息通信技术、智能控制技术、综合能源技术和用户互动技术，深度挖掘“源网荷储”资源潜力，解决电网源荷互动缺乏、安全依赖冗余、平衡能力缩水、提效手段匮乏等问题，具备高承载、高互动、高自愈、高效能四项能力，海量资源被唤醒、源网荷储全交互、安全效率双提升并达到国际领先水平的配电网。

高弹性配电网将逐步转化为能源、数字和价值的全方位承载平台。风、光、天然气、生物质、石油等多种能源通过以电力为主体的能源路由装置相互转化，满足用户电气冷热等多样化用能需求，形成多能源互联互通、互济互补的能源供需平台；通过对配电网的多端多维信息全量采集，配合先进智能控制技术，实现电网高效运行、源网荷储友好互动，形成全要素智能感知、柔性自治的数字生态平台；通过配电网源网荷储各投资运维主体的交互，实现资源良性共享、价值深度挖掘，形成多主体高效交互、共享共赢的价值实现平台。

1.3 配电网未来形态

1.3.1 配电网未来形态

随着电力市场机制的日益成熟、源网荷储协同控制的关键技术突破、电化学储能大范围推广应用，未来直流负荷占比将迅速增长、微电网应用将日趋广泛，配电网将逐步形成互联电网与微电网并存、交流与直流混联、功率潮流动态均衡、分层分区立体调控的新型配电网络（见图 1-1）。

1.3.2 结构特征

未来配电网形态特征体现在三个方面，分别是泛在微网、柔性组网和广域互联。

泛在微网。中低压配电网各层级将普遍存在微网形态。微网是具备一定自治能力、并以新能源接入和消纳为主要目标的局部电网，它可以实现多元主体分区自治并在局部实现功率平衡和能量优化，然后以虚拟电源或负荷的个体形态与大电网柔性连接，解决大电网不足以支撑海量主体集中控制和就近平衡的问题。

柔性组网。微电网与互联电网之间、中压线路之间、中压标准接线组之间，按需配置智能软开关（soft open point，SOP），实现配电网的多端柔性连接，突破短路容量、电磁环网的限制，局部合环运行、互联互通、互供互济，并为直流负荷、电源、微网提供即插即用支持。

广域互联。多条线路或接线组可通过 SOP 软开关实现更大范围的广域互联。提高分层分区就近平衡能力和范围，扩展能源输送通道，提高能源输送效率，提升网络架构相

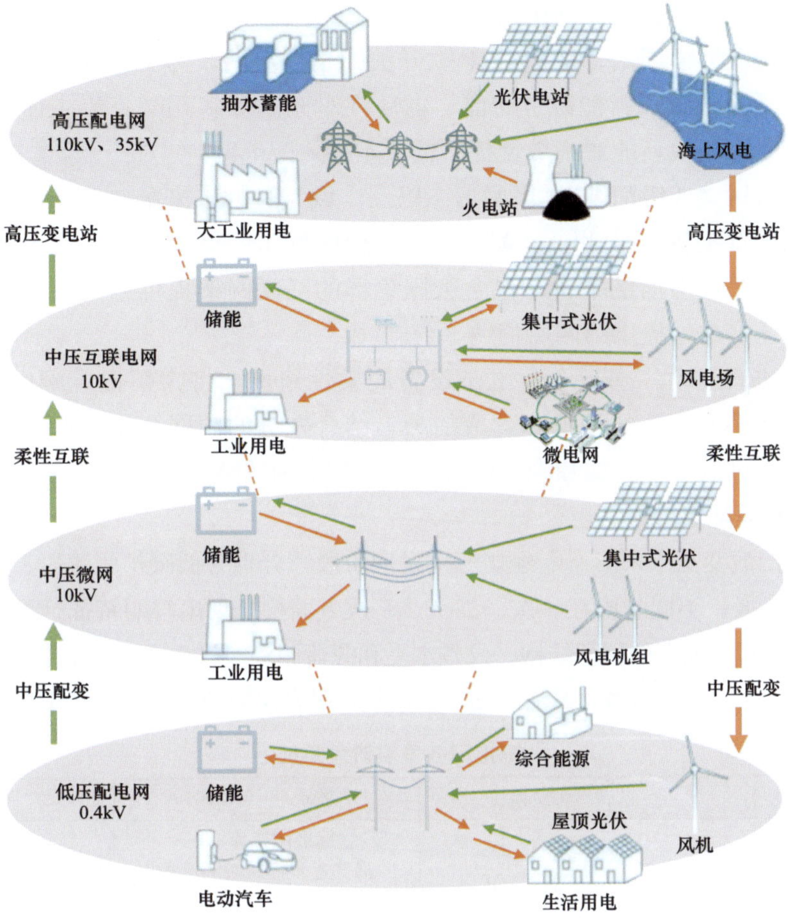

图 1－1　配电网未来形态

互支援和配电网灵活互供能力。

1.3.3　运行特征

未来配电网融合先进信息通信技术、智能控制技术、综合能源技术和多元互动技术，运行中呈现柔性、刚性与韧性并济的特征。

正常运行态的柔性。网格“生命体”能够主动调整网络结构和电压分布，使配电网处于低损高效优质的运行区间；主动适应检修、施工等可控的方式安排，主动防御可能发生的故障，减少用户的停电时间；主动管理各类灵活性资源，满足分布式电源的高效消纳和多元化负荷的友好接入，表现出自调节、自适应的柔性。

一般故障态的刚性。网格“生命体”能够主动研判故障发生位置，通过网络重构快速隔离故障，恢复对非故障段用户供电，表现出抗干扰、自愈合的刚性。

极端故障态的韧性。网格“生命体”能够主动识别重要用户，通过灵活自组网方式形成主动孤岛，实现降额自持运行，确保重要用户持续不间断供电，表现出抗风险、自恢复的韧性。

1.3.4　功能特征

未来配电网的功能特征重点体现在三个方面，分别为分布式新能源即插即用、能源的分层分区就近平衡、源网荷储协调互动。

分布式新能源即插即用。基于SOP软开关的柔性组网，为交流配电网提供了直流分段或直流接口，为分布式新能源、储能、电动汽车充电等多元交直流主体即插即用提供网架支撑，满足大规模新能源高效便捷、低成本接入配电网。

能源分层分区“四级消纳”。微网形态以及广域互联的未来配电网，为新能源的自下而上“四级消纳”提供广域平台。配电、变电台区低压网络提供第一层消纳平台，中压泛微网形态提供第二层消纳平台，包含微网集群的互联网架提供第三层消纳平台，连接互联网架的高压变电站提供第四层消纳平台。

源网荷储协调互动。基于电力电子设备的柔性组网，将大幅提升配电网对新能源、储能、微电网等多元主体的接纳和驾驭能力，结合先进的源网荷储协调控制技术，可实现各侧主体对电网的功率支撑和潮流调节，提升配电网的整体弹性。

1.3.5 配电网发展阶段

当前配电网演变至未来形态需经历三个发展阶段，分别为低碳扩张阶段、分布式组网阶段和广域互联阶段。不同阶段在一次、二次、三次方面均呈现出鲜明特征（见表1-1）。

一次是指物理层面上的网架结构、设备水平和源荷储接入状态；二次是指信息层面上的智能感知控制和以此为基础的多元灵活互动；三次是指平台层面的能源生态和市场生态构建。

表1-1　配电网各发展阶段特征

<table>
<tr><th colspan="2">发展阶段</th><th>低碳扩张阶段</th><th>分布式组网阶段</th><th>广域互联阶段</th></tr>
<tr><td rowspan="3">一次</td><td>网架形态</td><td>标准网架</td><td>标准网架为主，
局部逐步形成微网形态</td><td>柔性组网、广域互联</td></tr>
<tr><td>智能设备</td><td>单体试点为主</td><td>微网内部逐步采用</td><td>智能软开关成为潮流
控制的主要节点</td></tr>
<tr><td>源荷储接入</td><td>随机、无序接入</td><td>平衡计算、科学接入</td><td>即插即用、全接入</td></tr>
<tr><td rowspan="2">二次</td><td>感知控制</td><td>配电自动化为主</td><td>微网控制基本完善</td><td>全域智能感知控制</td></tr>
<tr><td>源网荷储互动</td><td>试点示范、人工干预</td><td>微网内部实现互动</td><td>多元主体协调互动</td></tr>
<tr><td rowspan="2">三次</td><td>能源生态</td><td>研究示范</td><td>多场景点状分布的
综合能源系统</td><td>以电力为枢纽的网状
低碳能源系统</td></tr>
<tr><td>市场生态</td><td>创新探索模式</td><td>电力流和数据流局部融合</td><td>电力流、数据流
和价值流全面融合</td></tr>
</table>

（1）低碳扩张阶段（当前阶段）。当前配电网已基本建成标准网架如单环网、双环网、多分段单联络和多分段适度联络接线。随着以新能源为主体的新型电力系统的发展以及能源消费的清洁化的推进，分布式光伏和电动汽车充电设施将通过逆变装置大规模、随机、无序接入配电网。

（2）分布式组网阶段。随着市场化机制的逐步形成和储能成本的进一步下降，源网荷各侧储能装置大量接入，承担调峰、调频和应急备用的功能，储能、电源、负荷的分布式组网将广泛构建局部微电网形态，能源生产与消费的个体形态将被微网形态逐步替代。

（3）广域互联阶段。随着微网的成熟，传统网架由于在能源资源大范围配置方面缺乏通道，导致功率传输和能源分配能力不足逐渐显现，因此需通过柔性互联装置的应用，实现新能源更大范围地就近消纳，减小上送压力，提高能源资源利用效率。

1.4 规划设计内容及流程

1.4.1 规划设计内容

（1）规划思路。配电网规划设计应全面贯彻、落实国家和地方工作部署，深入诊断配电网现状问题及发展形势，针对性提出指导思想、发展目标、技术原则、工作任务等，指导配电网建设和改造。一方面要结合负荷电量发展预测，分析配电网发展需求，合理确定建设进程和投资规模；另一方面要结合新能源为主体的新型电力系统构建，研究制定配电网目标网架、源荷储各侧接入方案、综合能源系统建设方案等，明确工程项目建设时序和投资。

（2）规划内容。配电网规划工作，作为配电网发展前期决策阶段的一项重要工作，直接关系到电网的发展水平和安全保供能力。本手册指导范围以10kV及以下电网为主，含20kV电网，除特别说明外，不涉及110（35）kV及以上电压等级电网。规划设计成果体系应包括：总报告、专项规划报告、专题研究报告、规划图集、项目清册等。

（3）规划年限。配电网规划设计年限应与国民经济和社会发展规划的年限保持一致，与城乡发展规划、上级电网规划等相互衔接，规划年限一般为5年，主要包括现状诊断、明确目标、专题研究、制定方案，以及提出3年内10kV及以下电网项目。当城乡总体规划、土地利用总体规划、控制性详细规划等较为详细时，配电网规划可展望至10～15年，确定中长期发展方向，明确远景年的目标网架和过渡方案。

（4）滚动修编。近年来配电网发展理念及技术更新较快，分布式电源接入、储能配置等相关政策变化都会对配电网形态、特征产生影响。为更好地适应各类变化，应逐年开展配电网发展建设评价和诊断分析工作，根据评价结果及时研究并调整方案，保证规划的科学性、合理性和适应性。

此外，各单位应根据上级工作部署，适时开展滚动修编工作。

1.4.2 规划设计流程

配电网规划需要诊断分析电网现状，调查收集能源资源禀赋、供电能力、电源发展、城市发展规划、统计年鉴等相关资料，在完成收资准备后，主要流程（见图1-2）如下：

（1）现状诊断分析。逐站、逐变、逐线分析与总量分析、网格分析相结合，深入剖析配电网发展现状、灵活资源布局及出力情况，从供电能力、网架结构、效率效益、多元负荷接入和消纳、智能化、数字化等方面，诊断配电网存在问题及原因。结合区域经济社会发展和政府工作部署，分析面临的形势。

（2）规划场景构建。结合区域特征，基于单个或多个网格，构建规划场景，一般可选择能源送出型、能源受入型和能源平衡型场景。

（3）负荷预测和电力平衡。结合历史用电情况，采用不少于三种方法，预测电量与负荷的发展水平，分析影响因素。

（4）确定发展目标。结合区域实际，提出高弹性配电网承载能力、运行效能、自愈能力、互动能力等方面的发展目标和阶段性目标。

（5）网架规划。制定目标网架及过渡方案，科学合理布点布线，明确站址、通道资源等。

（6）源网荷储一体化规划。开展分布式电源、电动汽车、储能接入规划和综合能源系统规划。

（7）智能化和数字化规划。提出智能化相关的配电自动化、通信网络、采集终端等二次系统技术方案，考虑新能源接入和多元化负荷的影响，提出全采集、全感知和数字化应用需求。

（8）项目库构建。采用高弹项目优选技术，构建全量规划项目库，并对项目库进行优选排序。

（9）成效分析。计算规划方案的技术经济指标，估算经济效益和社会效益。计算区域配电网弹性指数，对比分析规划方案对弹性指数的提升情况。

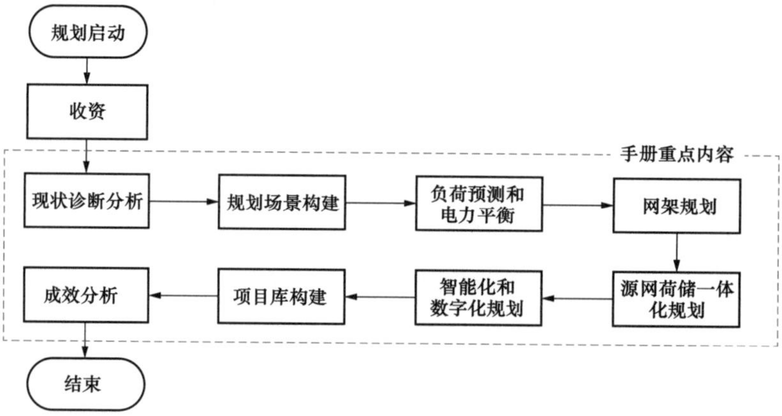

图 1－2　规划设计流程

2 配电网发展诊断

现阶段源网荷储各侧灵活资源发展较快，高弹性电网建设的目标业已明确，因此发展诊断阶段主要开展两个方面的工作：一是梳理配电网“源网荷储”灵活资源；二是挖掘配电网存在问题，定位高弹性配电网的发展阶段，在规划中予以针对性解决，具体内容可结合最新版的《电网发展诊断分析》和《配电网发展建设“回头看”》成果进行梳理。

2.1 工作思路

（1）统一部署，专业协同。发展部统一部署，运检、营销、调度等专业部门协同配合，结合电网实际运行，提出问题短板和改进措施。

（2）问题导向，确定短板。以量化分析为基础，诊断电网发展现状和可持续发展能力，聚焦新能源接入与消纳、电网安全、效率低下、目标网架构建等维度，提出具体问题，准确定位影响电网发展的关键环节。

（3）目标引领，明确措施。瞄准电网承载能力、运行效能、自愈能力和互动能力指数目标，提出现状差距，层层分解，提出指标提升的措施和建议。

2.2 灵活资源梳理

灵活资源主要分布于源网荷储四侧，一般可按表 2－1 进行梳理。

表 2－1　　灵 活 资 源 对 象

灵活资源类型	评 估 对 象
电源侧	常规电源、新能源（风、光、生物质、海洋能、地热能）、水能、热电联产、燃气发电等
电网侧	空间资源：站址、廊道管道管沟；设备资源：主变压器、配电变压器、线路
用户侧	工业、商业、行政办公、居民负荷（空调负荷为主）、电动汽车充电负荷
储能侧	接入电压等级、接入容量、接入点

2.2.1 电源侧新能源资源

统计区域内各类常规电源和新能源装机情况，分类列表给出 110kV 及以下各电压等级并网机组装机容量，分析各类电源的出力特性、调节能力。光伏、风电和径流式小水电一般不具备主动调节能力，需要分析其出力特性（曲线）与区域典型负荷曲线的耦合关系来确定其可能参与电力负荷平衡的功率。部分可调节小水电，可按照库容系数确定可调裕度。生物质发电、热电联产和燃气发电的可调裕度一般可按照机组容量的40%、10%和100%考虑。

2.2.2 电网侧沉睡资源

电网侧资源梳理，重点在于“唤醒沉睡的资源”，梳理现有电网设施可利用的空间资源以及低效间隔、低效设备等，分析电网运行效率。

应梳理的空间资源包括在运变电站的空余场地、退役变电站可利用场地，以及已建成尚未使用的电缆管道、退役的架空线路廊道等。需单独列表分析变电站空间资源可拓展情况，梳理可建设储能、综合能源站、数据中心等条件，列表统计各电压等级可利用的架空线路廊道和电缆管道数量、地理位置。

应梳理的设备资源包括高压变电站出线间隔和配电网线路的最大负荷负载率和平均负荷负载率，列表统计最大负荷负载率低于30%或平均负荷负载率低于20%的出线间隔和配电网线路。在配电网格规划中还应分析现状配电网线路的负荷曲线（年、月、日），分析各线路负荷曲线之间的耦合关系，梳理可通过统筹规划来提高效率的配电网线路。

2.2.3 用户侧可调资源

用户侧可调资源以需求响应为主要表现，通过电力用户响应价格信号和激励机制，改变其原有的用电方法，达到负荷调节的目的。用户灵活资源评估包括两部分内容：一是梳理区域内已签约的日前邀约、小时级、分钟级、秒级可中断（分路负控）负荷资源，列表统计相应类别、负荷量、接入点等。二是统计区域内工业、商业、行政办公和居民用户负荷现状以及电动汽车充电负荷现状，分析各类用户典型负荷特征，分析可调节负荷潜力。

各类典型用户的调节裕度按以下原则考虑：可通过班次调整的平移型工业用户可调节裕度按照10%～30%考虑；可随时切除的中断型工业用户可调节裕度按照20%～50%考虑；商业用户的空调等负荷可调节裕度按照20%～40%考虑；居民用户响应水平一般较弱，可调节裕度按照10%～30%考虑；电动汽车可调裕度可根据响应水平按照20%～60%考虑。表2-2所示为分类用户调节潜力。

空调负荷在全社会负荷中占比高，且用户感应相对滞后，因此可作为用户侧需求响应资源进行重点考虑。评估步骤如下：

（1）参考各类用地的典型负荷密度和空调负荷占比经验值，得到各单元冷负荷密度并计算各单元冷负荷容量。

（2）考虑不同类型负荷对舒适度的需求，工业用电的空调推荐采用中断方式调节，商业和居民空调负荷推荐采用全局温度控制模式进行调节。

（3）需确定各类地块冷负荷调节或响应的深度，考虑一定同时率后，叠加所有地块的可调负荷容量，估算网格削峰潜力。

表 2-2　　分类用户调节潜力

用电类型	工业			行政办公	商业金融	文化娱乐	体育健身	医疗卫生	教育科研	仓储物流	居民生活
	一类	二类	三类								
冷负荷比例	25%	22%	20%	60%	55%	45%	45%	43%	45%	60%	35%
调节模式	3℃	中断	中断	1℃	1℃	2℃	中断	0℃	2℃	1℃	2℃
调节域	21%	100%	100%	7%	7%	14%	100%	0%	14%	7%	14%

2.2.4 储能侧可控资源

在目前的技术条件下，配电网中一般考虑电化学储能，储能的可控资源评估主要步骤如下：首先统计现状配电网中已接入的储能容量和接入点；按照电化学储能的应用场景、放电深度和放电效率确定可调节裕度，一般按照 70%～90%考虑；确定各层级各区域储能调节负荷能力。

2.3 现状问题分析

现状问题分析可结合高弹性配电网评价指标体系，按照承载能力、运行效能、自愈能力和互动能力四个方面，计算相关指标和弹性指数，并与规划成效分析形成对比。

2.3.1 承载能力

主要包括电网满足用户用电及增长需求、满足新能源接入和消纳、满足普遍服务职能等方面的能力，以及是否存在“卡脖子”等问题，与电网结构和设备重过载情况密切相关，一般可结合迎峰度夏或迎峰度冬期间的电网实际运行情况确定。主要评价指标包括标准接线率、线路配变重载率、电压合格率、主干线小截面比例等。

2.3.2 运行效能

主要包括电网设备设计冗余、运行效率、节能降耗，以及电网投资效率等，与电网资源利用效率密切相关，一般可结合铭牌容量和最大负荷日负载情况，或实际输送电量占最大可输送电量的比例确定。主要评价指标包括线路利用率、配电变压器利用率、间隔平均负载率、综合线损率、单位投资增售电量等。

2.3.3 自愈能力

主要评价配电网的故障诊断、隔离和恢复能力，与电网结构、智能化、信息化水平等密切相关。主要评价指标包括供电可靠率、$N-1$ 通过率、分段合理率、智能开关覆盖率、配电自动化自愈率等。

2.3.4 互动能力

主要评价源网荷储协调互动和多种能源互补互济的能力，间接评价电网协调能力和整体技术水平。主要评价指标包括分布式电源渗透率、充电桩渗透率、储能渗透率、负荷峰谷差率、配电变压器智能终端覆盖率等。

3 规划场景构建

传统配电网规划以网格化规划为主，按照行政边界和供电边界，将供电的区域划分为多个网格状的独立地块，以网格为规划的基本单元，逐个网格开展规划。但随着配电网形态、功能的变化，以及新能源大范围广域的并网，能源资源的跨网格配置更加重要，因此在高弹性配电网规划中应跳出网格的限制，开展基于能源流向的场景化规划。

3.1 规划场景分类

随着分布式电源、储能、电动汽车等多元主体的分散式、不平衡、大规模接入，区域电网功能、形态上的差别日益突出，单一的规划方法无法实现全域配电网的多目标规划，单个网格的规划无法满足能源资源的广域配置要求。因此高弹性配电网规划应由网格化规划逐步拓展为场景规划，即根据能源流向，开展基于能源送出、能源受入和能源自平衡的差异化场景规划。

能源送出型场景：该区域内可开发或已通过配电网接入的清洁能源资源丰富，但不具备就地消纳的条件，电能流向以上送为主。能源送出型区域以山区、乡村为主，水电、光伏或风电等资源丰富。

能源受入型场景：区域内能源资源禀赋较差，人口密集或工业负荷占比较大，电能流向以流入为主。能源受入型区域以市区、城镇、工业园区等能源消费密集型区域为主。

能源平衡型场景：区域内能源资源禀赋相对较好，整体负荷较轻，通过源网荷储一体化协调规划可实现能源生产与消费的基本平衡。能源平衡型区域以开发区、海岛、城镇郊区等为主。

3.2 场景化规划重点

以相邻的一个或多个网格组成规划场景，开展场景化规划。规划场景的构建，应按照能源平衡型、能源送出型、能源受入型的优先级进行确定，场景内网格数量应适中，不可过多，以满足规划场景构建为宜（见图 3-1）。

能源送出型场景应重点关注清洁能源的接入、送出，在清洁能源可开发容量预测的基础上，结合其出力特性，测算配网建设的目标规模，并校核配电设施的送出能力（最大输送能力80%校核）。

能源受入型场景应重点关注多元负荷聚合互动和电网沉睡资源的唤醒，提高电网设备利用效率，提高电网自愈能力，建设坚强可靠的目标网架（配电设施传输能力按$N-1$校验）。

能源平衡型场景应重点提升电网灵活调节能力和源网荷储协调控制能力，通过数智赋能和技术创新提升能源资源利用效率，结合储能配置提升经济性的同时，保障可靠用电的需求。

具体规划场景划分见图3-2。

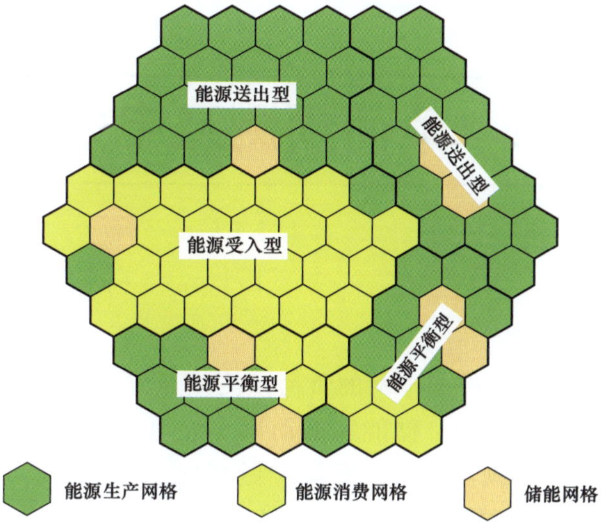

图3-1 基于网格的规划场景构建示意

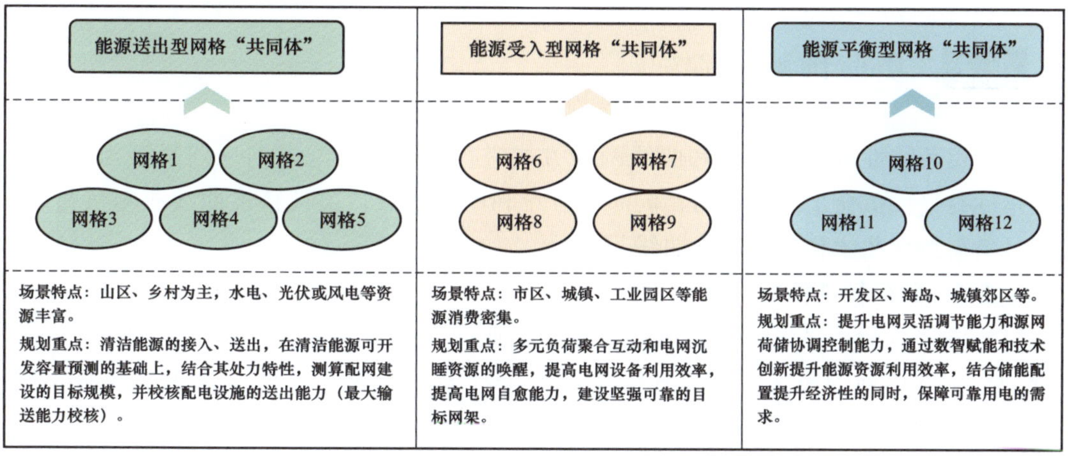

图3-2 规划场景划分

4 负荷预测及电力平衡

高弹性配电网的负荷预测应充分考虑灵活资源的影响。配电网灵活资源主要包括分布式电源、储能、电动汽车充电负荷、可中断负荷、可控负荷等。考虑灵活资源的负荷预测和电力平衡应做到常规和新兴、分区和总量、近中期和远景、负荷和电源的全方位衔接。适应源网荷储一体化高效运行要求，运用电力平衡工具将经济社会发展边界转化为配电网络规划边界，为高弹性配电网各层级供电方案设计提供依据。

4.1 负荷预测基础

通常负荷特性可根据指标和曲线两种方式进行描述，与配电网规划紧密相关的负荷特性指标有最大负荷、最小负荷、同时率、年利用小时数，负荷特性曲线有年负荷曲线、典型日负荷特性曲线和负荷增长曲线等。

4.1.1 负荷特性指标

（1）最大负荷。最大负荷是某一区域、行业或设备在一定时间内负荷的最大值。配电网规划中常用到的最大负荷有县级及以上全社会最大负荷、变电站最大负荷、网格最大负荷、中压线路（配变）最大负荷等。不同层级负荷通常采用同时率进行归集或分解。

（2）最小负荷。最小负荷是某一区域、行业或设备在一定时间内负荷的最小值。在单向潮流的传统配电网中，无论哪个层级的最小负荷，其下限均为0，系统不存在倒送压力。随着分布式电源、储能、V2G电动汽车充电桩等设备的接入，配电网各层级均存在倒送的可能性，安全约束校验由单向变为双向，最小负荷预测的重要性日渐突出。

（3）同时率。在规定的时间段内，某一电力系统综合最大负荷与其所属各个子地区（或各用户、各变电站）各最大负荷之和的比值为负荷同时率。负荷同时率与系统中子项的个数及负荷特性有关，通常子项数量越多、负荷特性差异越大，则同时率越低。其计算式为

$$K=\frac{P_{\max}}{\sum p_i} \qquad (4-1)$$

式中　P_{max}——综合最大负荷；

p_i——第 i 个子项（地区、变电站、线路、用户、电源等）最大负荷。

配电网各层级负荷可通过负荷层次模型进行叠加或分解。根据供电电流方向，配电网负荷层次结构由高到低分别为：变电站负荷层、馈线负荷层、配电变压器负荷层、低压主干线路负荷层和进户线负荷层。负荷层次结构见图 4-1。

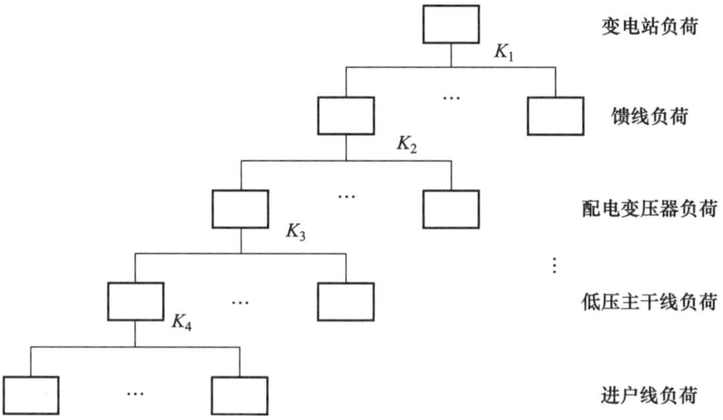

图 4-1　配电网负荷层次结构图

根据配电网负荷层次和对应层次的同时率，计算得到各层级最大负荷数值，即

$$P_l = (\sum P_{li}) \cdot K_l \tag{4-2}$$

式中　P_l——第 l 层的最大负荷；

P_{li}——P_l 所对应范围内第 i 个子项的最大负荷；

K_l——第 l 层的负荷同时率。

随着电动汽车充电负荷、5G 基站负荷、储能等新兴用电形式的发展，未来配电网各层级同时率难以通过历史值统计估算，公式化的层级负荷叠加（分解）预测法准确性无法保障。涉及新兴用电需求的多层级负荷预测，需要结合负荷曲线叠加法计算，但无论采用公式法还是曲线法，配电网负荷的层次结构均不会产生变化。

（4）利用小时数。设备利用小时数是一定时期内一个地区平均设备容量在满负荷运行条件下的运行小时数，即设备电量与装机容量之比。在确定各类电源参与电量平衡的年利用小时数时，应充分分析历史年实际运行情况，通常可取连续 5 年以上的平均值，其计算式为

$$h = \frac{E}{S} \tag{4-3}$$

式中　h——该（类）电源年利用小时数；

E——电源年发电量；

S——电源装机容量。

4.1.2　负荷特性曲线

（1）年特性曲线。负荷年曲线指某一负荷全年日最大（最小）负荷值的连线，通常用

以分析该负荷随季节变化的规律。年负荷特性曲线是以年最大负荷（电源以装机容量）为基值，将年负荷曲线标幺化后的特性曲线。某类或某个区域的负荷（电源）年负荷特性曲线可根据单个典型样本多年数据，或多个典型样本单（多）年数据，取其平均曲线得到。

进行高弹性配电网规划时，应先对工、商、居民等常规负荷及分布式电源、电动汽车充电负荷、5G 基站负荷等新兴负荷进行年负荷特性分析，给出典型的年特性曲线（包含最大负荷曲线和最小负荷曲线）。

（2）日特性曲线。日负荷曲线指某一区域（设备、产业、用户等）典型日之内负荷随时间变化的曲线，包含了最大负荷、最小负荷、峰谷差、平均负荷等信息。日负荷特性曲线是以典型日最大负荷（电源以装机容量）为基值，将日负荷曲线标幺化后的特性曲线。某类或某个区域的负荷（电源）日特性曲线可根据单个或多个典型样本多个典型日的平均曲线确定。典型日的选取应覆盖不同季节、工作日、节假日等时段，对于工业负荷，还应考虑生产淡旺季等因素。

（3）负荷增长特性。负荷增长特性是对负荷增长阶段性规律的总结，对于近中期负荷预测非常重要。每类负荷增长规律不尽相同，但总体发展规律趋向于缓慢起步—快速稳定增长—趋于饱和，可采用 S 形曲线模拟。常用的 S 形曲线数学模型为

$$y_t = \frac{y}{1 + Ae^{(1-t)}} \tag{4-4}$$

式中 y——饱和负荷；

y_t——第 t 年的最大负荷，即最大负荷日或典型负荷典型负荷日最大负荷；

t——投运年限；

A——负荷增长参数。

由于 S 形曲线模拟建立在大量历史负荷发展数据的基础上，对于新兴用电负荷难以适用。在进行电动汽车充电、新基建等负荷近中期预测时，应注重全面收集相关专项规划、布局规划、用户报装、电能替代行动计划等资料，根据项目安排等具体信息进行针对性预测。

4.1.3 负荷预测方法

高弹性配电网规划负荷预测采用总量预测和特性预测相结合的方式，综合“自上而下”的总量预测和“自下而上”的分区预测结果，给出近远期用电负荷和电源出力的年、日曲线，为考虑效率约束的精准电力平衡提供依据。原则上，用电负荷的预测应采用 3 种及以上方法，并给出高、中、低预测方案。常见方法简介详见表 4 - 1。

表 4 - 1　　常用负荷总量预测方法

方法名称		方法简介	适用范围	预测期
空间负荷预测法	负荷密度指标法	根据供电范围内不同功能地区占地面积及相应的用电负荷密度，测算预测期用电负荷大小	分区预测	远景
	自然增长＋点负荷	根据区域报装信息，按照“现有负荷自然增长＋新增点负荷 S 形曲线法”方法进行预测	分区预测	近中期

续表

方法名称	方 法 简 介	适用范围	预测期
弹性系数法	运用两个变量间的弹性系数进行预测（通常采用 GDP 和电量间的关系）	总量预测	中长期
产值单耗法	分行业对电力消费进行分析，结合行业规划，预测电力需求总量	总量预测	近中期
回归模型法	根据历史数据，运用因果关系，建立回归模型，包括一元回归、多元回归和非线性回归等，预测需求总量	总量预测	近中期
趋势外推法	根据历史数据，运用数学模型，拟合一条趋势线，外推负荷发展规律	总量预测	近中期
移动平均法	对于具有时序变化规律的事物，取时间序列中连续几个数值的平均值，作为下期预测值	总量预测	近期

4.1.4 负荷预测流程

负荷（电源）预测分为收资、建立预测数据库、空间负荷预测、总量负荷预测、预测结果校验、给出预测方案六大环节。近中期负荷预测和远景负荷预测流程相同，具体预测方法应适应预测需求。高弹性配电网负荷预测流程见图 4－2。

（1）预测收资。在梳理国民经济发展规划、国土空间规划、人口、产业、交通等专项规划信息基础上，重点收集 5G 基建、电动汽车、电能替代、储能等新兴产业相关的规划信息，并整理近中期各类大用户负荷报装清单。

（2）基础数据库。基础数据库由量化指标和特性曲线组成。量化指标包含各类负荷密度指标、同时率、GDP、三产产值、历史负荷电量等定量数据；特性曲线包含各类常规负荷及新兴负荷年、日特性曲线。

（3）空间负荷预测。以网格为单位，分别预测常规负荷和新兴负荷最大值，并调取预测数据库中对应的负荷特性曲线，相乘后得到各类负荷预测曲线，通过叠加得到全社会负荷预测曲线。

（4）总量负荷预测。选取两种以上的总量负荷预测方法，对全域常规负荷和新兴负荷最大值进行预测，并调取对应负荷特性曲线，相乘后得到各类负荷预测曲线，通过叠加得到全社会负荷预测曲线。

（5）负荷校验。校验空间负荷预测和总量负荷预测结果，若偏差较大，则分析可能存在的问题，重新修正预测数据库，执行预测步骤，直至多种预测结果偏差在可接受的范围内。

（6）预测方案。梳理预测结果，给出区域总量负荷预测曲线及网格负荷预测曲线推荐方案。

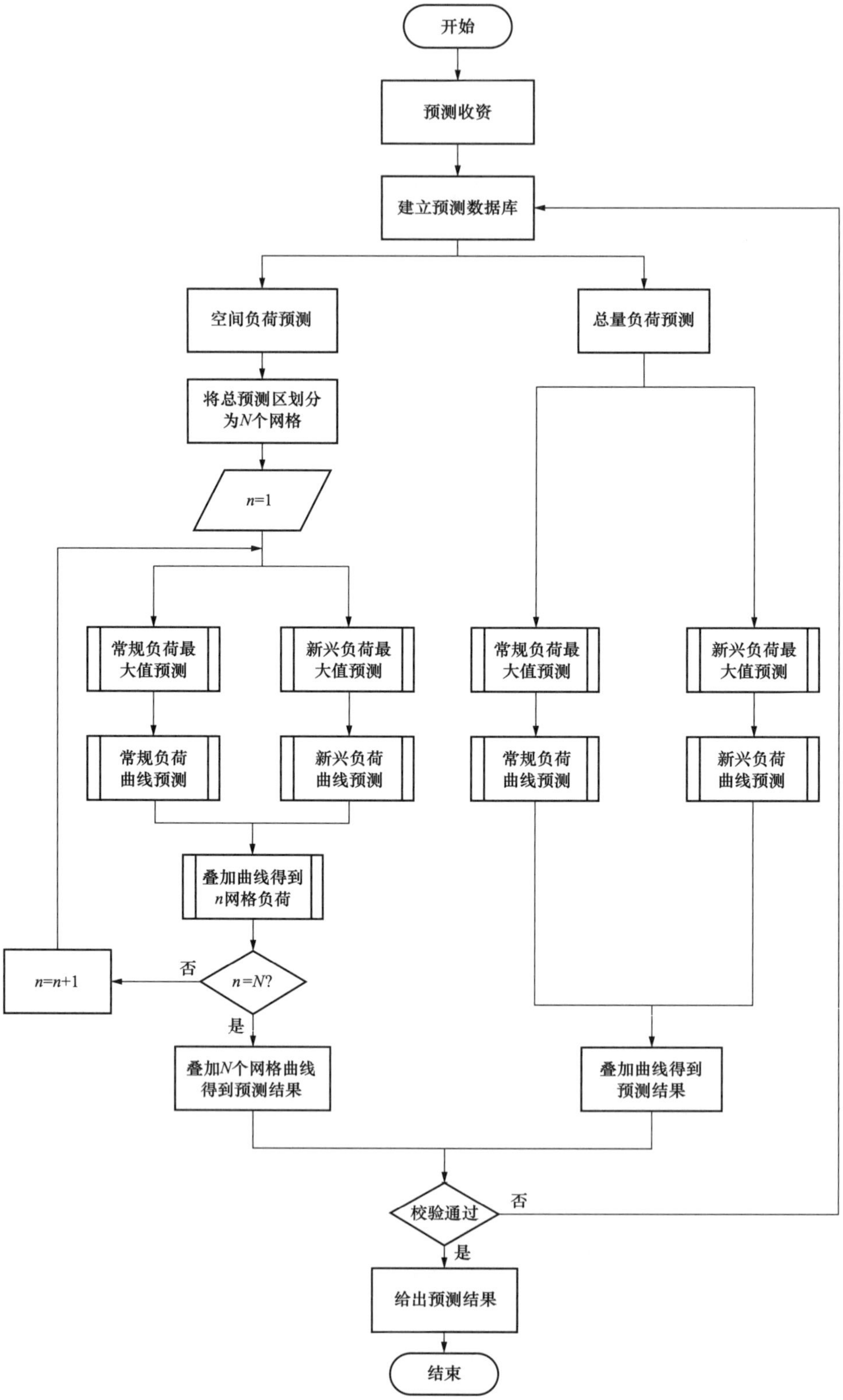

图 4-2　高弹性配电网负荷预测流程图

4.2 电动汽车充电负荷预测

4.2.1 充电行为特点

作为清洁能源利用的代表，电动汽车近年得到了快速发展，充电负荷的快速增长也一定程度上对电网发展产生了影响。随着动力电池与车辆技术不断完善，电动汽车的规模化应用日益扩大，在此背景下，在配电网规划中，对电动汽车充电负荷进行特征分析及预测具有深远意义。

（1）大量电动汽车接入电网，将使系统负荷水平提高，同时使得系统中线路、变压器等设备的负载增加。大量充电设施建设对电网升级改造提出更多要求，需要增容扩建，增加电网建设投资。

（2）电动汽车用户用车行为随机性强，充电负荷不确定。规模化电动汽车充电将进一步加大电网的峰谷差率，造成发电成本高、电网运行效率低，甚至出现局部区域电能供应紧张，配电设施过载等问题，增加电网运营的难度。

（3）电动汽车在充电过程中，电网和电动汽车的电能交换需要经过充电桩或者充电机的整流变换，会对供电系统产生大量谐波，导致功率因数下降，影响电能质量，同时产生电压损耗和三相不平衡，使节点电压偏移较大等问题。

为定量分析电动汽车接入电网的影响，或进行配电网规划、定容选址、控制策略研究，需要对电动汽车充电负荷进行预测。根据负荷预测曲线对电网负荷进行调度管理，可减少电动汽车大规模无序充电对电网造成的冲击。准确的负荷预测对电力系统规划设计，运行管理和电力市场交易都具有重要的意义。

4.2.2 充电负荷预测

电动汽车主要包括私家车、出租车、网约车、公交车等，不同类型的电动汽车充电设施布局原则不同，人均电动汽车保有量、车桩比、快慢充桩比存在差异。详细的充电设施布局成果需参考电动汽车充电设施布局专项规划，中远期充电负荷预测以布局成果为依据，近期充电负荷预测应综合考虑布局成果与用户报装。

单桩负荷：单座快充桩充电负荷为30～120kW，单座慢充桩负荷为3.3～7kW。考虑私家车主要采用慢充为主，快充为辅，出租车与网约车快充为主、慢充为辅，公交车为快充。

（1）出租车。从行驶特性来看，出租车在时间和空间两个维度均呈现出较强的随机特性。从运营管理来看，出租车一般由专业化出租车公司或网约车平台集中运营管理，日均行驶里程为350～500km。运营模式一般实行昼夜轮班模式，即12h交接班一次。出租车行驶里程长，受换班、用餐和夜间运行等因素影响，一天需多次充电。相关研究表明，电动出租车充电开始时刻呈分段概率分布的特点，其对应的每次充电前的行驶里程也具有分段分布的特点，分为4个时段，分别为0：00～9：00、9：00～14：00、14：00～19：00、19：00～24：00，各时段充电特性均服从正态分布。

（2）公交车。从行驶特性来看，电动公交车呈现高度规律的特性，行驶路线与运营时间相对固定，一般集中在白天运行，夜间停放。公交车日均行驶里程为 150～200km。不考虑夜间班车，公交车首班发车时间一般为 5：30～6：30，末班发车时间一般为 20：00～21：00，每天上下班时间（6：30～9：00，16：30～18：30）为公交车运行高峰时段，发车间隔一般平均为 5min，所有车辆均参与运行，其余时段发车间隔则较长，为 10～15min。电动公交车如果在每天运营前充满电，正好可以满足一天运营需求，中途一般不需要进行补电。鉴于此，可假设公交车每日一充，即公交车结束一天运营后开始充电。

（3）私家车。从行驶特性来看，私家车充电地点主要集中在住宅区、工作区及商场超市等公共场所，日均行驶里程为 30～100km，充电频次为多日一充，每周 1～3 次充电。相关研究表明，工作日，私家车在白天时段 8：00～20：00 多在工作区充电，呈近似均匀分布；在 20：00～7：00 多在住宅区充电，呈正态分布。

（4）综合预测。结合不同种类电动汽车负荷特性和电动汽车充电设施空间布局规划成果、保有量分析结果与充电类型，不同时刻充电负荷计算式为

$$P_{G2V,i}=(P_{快}\alpha_{私}+P_{慢}\beta_{私})\times S_{私}+P_{快}\times S_{公}+(P_{快}\alpha_{租}+P_{慢}\beta_{租})\times S_{租} \tag{4-5}$$

式中　$P_{G2V,i}$——i 时刻电动汽车充电负荷；

$\alpha_{私}$、$\beta_{私}$——私家车快充概率与慢充概率，其和等于 1；

$\alpha_{租}$、$\beta_{租}$——出租车/网约车快充概率与慢充概率，其和等于 1；

$S_{私}$、$S_{公}$、$S_{租}$——私家车、公交车、出租与网约车数量之和，三类电动汽车的数量。

最后叠加不同电动汽车单日负荷曲线即可得到全地区单日负荷（见图 4-3）。

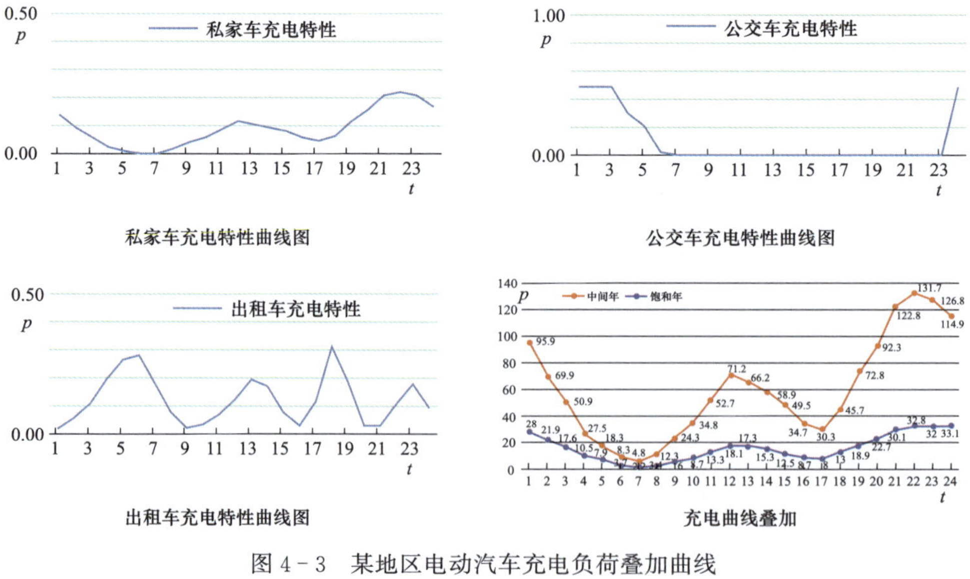

图 4-3　某地区电动汽车充电负荷叠加曲线

4.2.3　充电负荷密度

在城区、网格、街区等广域范围内开展整体充电需求预测，推荐采用充电负荷密度

法，按规划地块面积计算区域充电负荷的计算式为

$$P=\lambda\sum_i S_i\rho_i \tag{4-6}$$

式中 S_i 和 ρ_i——第 i 个地块的面积和充电负荷密度；

λ——同时率。

充电负荷密度可在对应地块负荷密度值基础上通过一定比例折算得到，同时率和地块面积与对应空间负荷预测保持一致。

电动汽车对居民负荷密度的影响按渗透率 20%时，70%采用慢充和 30%采用快充引起小区峰荷增加的比重加权得到，即 7.9%。

其他类型地块充电负荷对网供负荷密度的影响亦可采用仿真得到，结果如表 4-2 所示。

表 4-2　充电负荷占总负荷密度比例　　单位：%

用电类型	工业			行政办公	商业金融	文化娱乐	体育健身	医疗卫生	教育科研	仓储物流	居民生活
	一类	二类	三类								
充电负荷占总负荷密度比例	1	0.5	0	6	6	2	0.5	0.5	0.5	4	7.9

注　在开展配电网规划时，在原空间负荷预测基础上叠加考虑充电负荷，并作为边界条件进行网络规划和设备定容。

4.3 分布式光伏预测

4.3.1 基本原则

以分布式光伏资源摸排研究、分布式光伏布局规划等为基础，按照地面、屋顶光伏两大类进行预测。

地面光伏用地预测应加强与地方政府对接，先依照多规合一地图图选未列入永农、生态红线的闲置土地，再通过航拍等技术手段进行现场勘查，获取土地产权等信息，确定光伏开发可能性，最后汇总整理。

屋顶光伏根据《浙江省整县（市、区）推进分布式光伏规模化开发试点工作方案》估算接入容量。现有建（构）筑物：车站、学校、医院、党政机关办公用房等公共建筑屋顶安装比例达到 50%以上；商业建筑屋顶安装比例达到 40%以上；特色小镇、开发区（园区）的建筑屋顶安装比例达到 60%以上；农村户用屋顶安装比例达到 30%以上；自来水厂、污水处理厂等公共基础设施的大型构筑物（建筑物）上空安装比例达到 90%以上。新建建（构）筑物：新建工业厂房比例达到 80%以上；新建民用建筑推广建筑一体化光伏发电系统，安装比例达到 60%以上，其中未来社区安装比例达到 80%以上；新建农村户用屋顶安装比例要达到 40%以上；新建（改建）大型停车场地等公共基础设施安装比例达到 100%左右。鼓励设施农业、设施畜（禽）养殖业等结合农牧业生产，在大棚、畜（禽）舍等安装分布式光伏。

4.3.2 出力特性

由于光伏出力受天气影响波动较大，年特性曲线用以反映不同季节无云晴天的光伏最大出力情况，日特性曲线反映无云晴天的连续出力特性。某地各典型气候情况下的出力曲线见图 4-4。

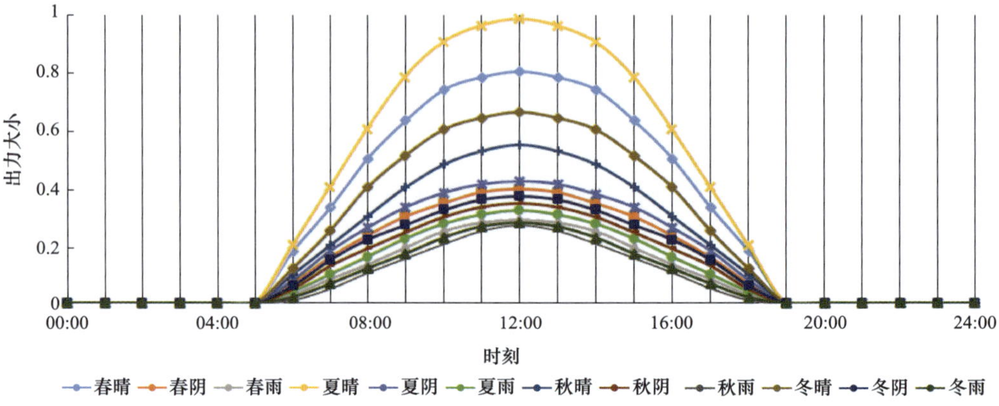

图 4-4　某地区不同典型日光伏代表性出力曲线

4.3.3 容量预测

（1）地面光伏装机容量预测

$$P_{地}=S\cdot p \tag{4-7}$$

式中　$P_{地}$——地面光伏装机容量；

S——地面光伏占地面积；

p——单位面积装机容量，通常取 50W/m^2。

（2）屋顶光伏装机容量预测

$$P_{屋}=S_{政}\cdot P_{政}\cdot \gamma_{政}+S_{公共}\cdot P_{公共}\cdot \gamma_{公共}+S_{工商}\cdot P_{工商}\cdot \gamma_{工商}+S_{农}\cdot P_{农}\cdot \gamma_{农} \tag{4-8}$$

式中　$P_{屋}$——屋顶光伏装机容量；

$S_{政}$、$S_{公共}$、$S_{工商}$、$S_{农}$——政府机关建筑、公共建筑、工商业厂房和农村居民屋顶面积；

$P_{政}$、$P_{公共}$、$P_{工商}$、$P_{农}$——政府机关建筑、公共建筑、工商业厂房和农村居民屋顶单位面积装接容量，应根据安装条件进行确定，取值范围 $50\sim120\text{W/m}^2$；

$\gamma_{政}$、$\gamma_{公共}$、$\gamma_{工商}$、$\gamma_{农}$——政府机关建筑、公共建筑、工商业厂房和农村居民屋顶光伏开发比例，一般分别不低于 50%、50%、40%和 30%。

4.4 电力电量平衡

4.4.1 电力平衡流程

随着分布式电源的大规模接入，部分区域已出现负荷低谷期电力倒送现象，电力平衡场景由单一的高峰平衡转变为负荷高峰平衡和电源出力高峰平衡双场景，整体平衡流程见图 4-5。

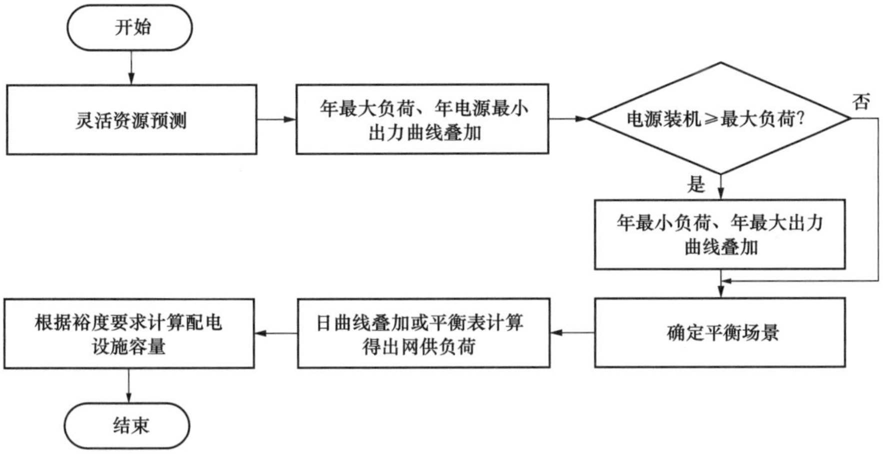

图 4-5 高弹性配电网电力平衡流程图

该流程适用于高压配电网和网格电力平衡。年负荷曲线叠加得出的最大、最小负荷并非最终平衡结果，仅作为判断平衡场景出现时间段的依据。为简化计算过程，当电源装机容量小于最大负荷时，只需要确定负荷高峰平衡场景出现时间；当电源装机容量大于等于最大负荷时，需要确定负荷高峰平衡和出力高峰平衡两种场景出现时间。确定平衡场景后，调取时段内典型日负荷曲线，通过曲线叠加或平衡表计算网供负荷，进而根据裕度要求计算配电设施容量。

4.4.2 弹性平衡原则

（1）电动汽车充电负荷。

根据电动汽车充电设施布局、用户充电行为特征、电动汽车渗透率、单桩充电功率，计算充电负荷对峰值负荷的影响，一般可参考表 4-3 确定。

表 4-3　　充电负荷参与平衡参数表　　单位:%

区块类型	渗透率 5%	渗透率 10%	渗透率 15%	渗透率 20%
居民小区	1.4	2.8	4.2	7.9
行政办公	3.9	7.8	11.7	15.6
商业	1.0	1.9	2.9	3.9

电动汽车接入对典型居民负荷曲线和典型商业负荷曲线的影响参考图 4-6 和图 4-7。

（2）柔性负荷弹性平衡。

考虑需求侧的柔性调节能力，全省负荷按照 95%最大尖峰负荷削减，在配电网层面更需要基于网格考虑差异化负荷调峰能力。柔性负荷削峰能力计算式为

$$削峰系数 = 1 - \frac{响应负荷功率}{负荷峰值} \tag{4-9}$$

（3）光伏出力弹性平衡。

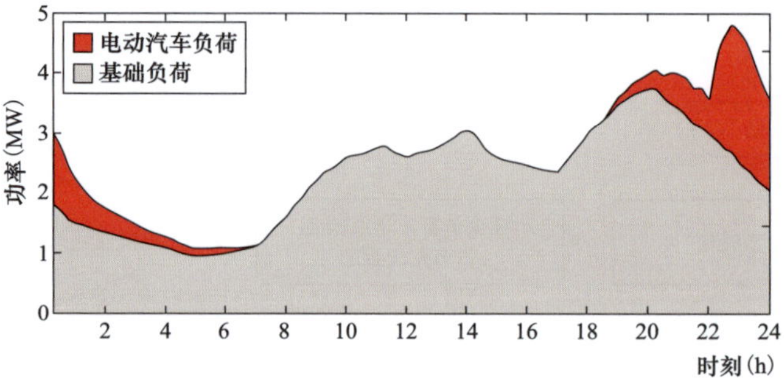

图 4-6　电动汽车接入对典型居民负荷曲线的影响（渗透率 100%）

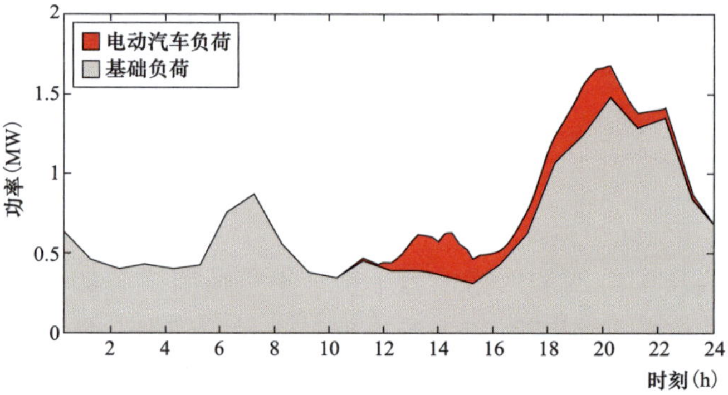

图 4-7　电动汽车接入对典型商业负荷曲线的影响（渗透率 100%）

能源受入型场景，光伏出力一般按照 20%参与电力平衡。考虑按照最大负荷出力置信区间确定其参与平衡的比例，A+/A/B 类供电区域置信区间取 97%，C 类供电区域取 95%，D 类供电区域取 90%。最大负荷出现在夜间，光伏不参与电力平衡。

（4）小水电弹性平衡。

径流式小水电，一般不参与电力平衡，带库容小水电，按照 60%容量参与电力平衡。

4.4.3 总体平衡原则

（1）电力平衡。

高压配电网电力平衡可通过曲线叠加或平衡表计算，为简化步骤，推荐采用平衡表。表 4-4 所示为分压电力平衡表。双场景平衡时，平衡表应按场景分为两张，电源出力比例等数据根据平衡场景进行调整。

表 4-4　分压电力平衡表　单位：MW

项　目	××年	××年	××年	××年	××年
1　全社会用电负荷					
1.1　规划计算负荷					
2　地方公用电厂厂用电					
3　自发自用负荷（含孤网）					
4　220kV 及以上电网直供负荷					
5　110kV 电网直供负荷					

续表

项　　目	××年	××年	××年	××年	××年
6　35kV 电网直供负荷					
7　220kV 直降 35kV 负荷					
8　220kV 直降 10kV 负荷					
9　110kV 直降 10kV 负荷					
10　35kV 上网且参与电力平衡发电负荷					
10.1　光伏装机容量					
10.2　风电装机容量					
10.3　水电装机容量					
10.4　火电装机容量					
11　10kV 及以下上网且参与电力平衡发电负荷					
11.1　光伏装机容量					
11.2　风电装机容量					
11.3　水电装机容量					
11.4　火电装机容量					
12　储能装接容量					
12.1　35kV 上网且参与电力平衡装接容量					
12.2　10kV 及以下上网且参与电力平衡装接容量					
13　110kV 网供负荷					
14　35kV 网供负荷					
15　变电容量					
15.1　当年投产不计					
15.2　当年投产计一半					
15.3　当年投产全计					
16　容载比					
16.1　当年投产不计					
16.2　当年投产计一半					
16.3　当年投产全计					

注： 1. 110（66）kV 网供负荷（13）＝∑110（66）kV 公用变压器降压负荷＝规划计算负荷（1.1）－地方公用电厂厂用电（2）－自发自用负荷（含孤网）（3）－110（66）kV 及以上电网直供负荷（4+5）－220kV 直降 35kV 负荷（7）－220kV 直降 10kV 负荷（8）－35kV 及以下上网且参与电力平衡发电负荷（10+11）－储能负荷（12）；

2. 35kV 网供负荷（14）＝∑35kV 公用变压器降压负荷＝规划计算负荷（1.1）－地方公用电厂厂用电（2）－自发自用负荷（含孤网）（3）－35kV 及以上电网直供负荷（4+5+6）－220kV 直降 10kV（8）－110kV 直降 10kV（9）－10kV 及以下上网且参与电力平衡发电负荷（11）－储能负荷（12.2）；

3. 容载比（16）＝变电容量（15）/网供负荷（13、14）；

4. 规划计算负荷应根据平衡场景选取，通常电力受入场景选峰荷，电力送出场景选谷荷；

5. 变电容量应根据平衡场景调整，即受入平衡时应剔除上送为主的变电站容量，送出平衡应剔除下供为主的变电站容量。

在确定各类电源参与电力平衡的比例时，应充分分析历史年实际运行情况，按照平衡场景取连续 5 年以上的平均值进行确定。

根据电源类型及出力特征的相似性，可按一定规则进行打捆统计。110kV 及以下电源应按一次能源类型分类，同类电源中可按照单机装机容量 6kW 为界进行打捆平衡原则参考见表 4-5。

表 4-5　平衡原则参考

能源受入型场景	能源送出型场景
规划计算负荷按全社会最高负荷考虑；	规划计算负荷按全社会最高负荷的 10%～30%考虑，具体数值应根据年最小负荷曲线确定；
6MW 及以上小火电按 50%的装机容量参与平衡；	6MW 及以上小火电按 70%的装机容量参与平衡；
6MW 及以上小水电按 10%的装机容量参与平衡；	统调水电站、6MW 及以上小水电按 85%的装机容量参与平衡；
6MW 以下小火电暂不考虑参与平衡；	6MW 以下小火电暂不考虑参与平衡；
6MW 以下小水电按 10%的装机容量参与平衡；	6MW 以下小水电按 85%的装机容量参与平衡；
光伏午高峰按 20%的装机容量参与平衡，晚高峰不参与平衡，中间时段可按典型日曲线折算；	光伏按 80%出力平衡；
风电不作为顶峰机组，考虑风电特性，按照 5%参与平衡；	风电按 40%出力平衡；
在规划阶段可中断负荷暂不考虑参加平衡；	可中断负荷暂不考虑参与平衡；
统调储能资源按装接容量 100%参与平衡；	
以地市为单位开展电力平衡分析时，采用各县最大负荷累加值，不计及负荷同时率	统调储能按 100%的容量参与平衡

（2）电量平衡。

分布式电源接入较多的区域，应进行电量平衡计算，以分析规划方案的财务可行性。电量平衡可参照表 4-6 计算，电量平衡原则可参考表 4-7 确定。

表 4-6　电量平衡表　单位：MWh、MW

规划区域	××年	××年	××年	××年
1　全社会用电量				
2　区域内电厂发电量				
3　统调电源 1				
4　统调电源 2				
……				
5　110kV 及以下非统调电源装机				
5.1　其中：6000kW 及以上小火电装机				
5.1.1　煤电				
5.1.2　生物质发电				
5.1.3　垃圾发电				
5.2　6000kW 以上小水电装机				
5.3　6000kW 以下小水电装机				
5.4　光伏装机				
5.5　风电装机				
6　需受入电量				

注：1. 全社会用电量（1）应包含抽水蓄能等储能设施的损耗电量；
2. 需受入电量（6）＝全社会用电量（1）－区域内电厂发电量（2）；
3. 区域内电厂上网电量（2）＝∑电源装机容量×年利用小时数

表 4-7　电量平衡原则　单位：h

类型	统调（利用小时数）	非统调（利用小时数）	
		6MW 以上	6MW 以下
常规水电	2000	2800	2600
抽蓄	800	1800	/
核电	7300	/	/
煤电	/	4500	2000
燃气	/	3700	
生物质发电	/	4000	4000
垃圾发电	/	6000	6000
余热余压余气	/	5500	5500
风电	2000	2000	2000
光伏	900	900	900

4.4.4 网格平衡原则

网格平衡以曲线叠加法为主，电力平衡结果为综合日负荷曲线的最大最小值，电量平衡结果为综合日负荷曲线（或年连续负荷曲线）与时间轴所围成的面积值。网格平衡主要用于确定网格所需中压馈线数量，除有自平衡要求的网格外，一般无需进行电量平衡。

负荷、电源、储能等多元用户在网格平衡中的参与比例，应根据平衡场景所处季节、负荷峰谷差、电源最小出力等特性确定。表 4-8 所示为平衡原则参考。

表 4-8　平衡原则参考

能源受入型场景	能源送出型场景
负荷按当季最大负荷值叠加特性曲线参与平衡； 光伏按 20%装机容量叠加特性曲线参与平衡； 储能按 5%装接容量叠加特性曲线削峰填谷； 可中断负荷暂不考虑参与平衡	负荷按当季最大负荷值叠加特性曲线参与平衡； 光伏按 80%装机容量叠加特性曲线参与平衡； 储能按 5%装接容量叠加特性曲线削峰填谷； 可中断负荷暂不考虑参与平衡

4.4.5 网格示例

（1）定量和特性预测。

某网格常规负荷（装机）如表 4-9 所示。年、日负荷特性曲线见图 4-8～图 4-11。

表 4-9　某网格常规负荷（装机）　单位：MW

类　别	最大负荷（装机）
工业	5
居民	4
电动汽车	2
光伏	12

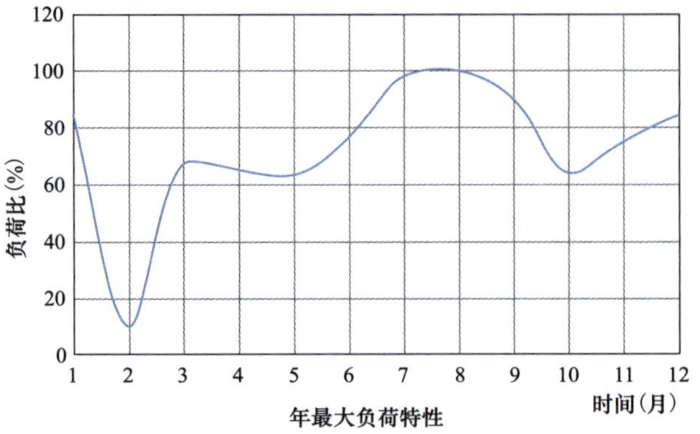

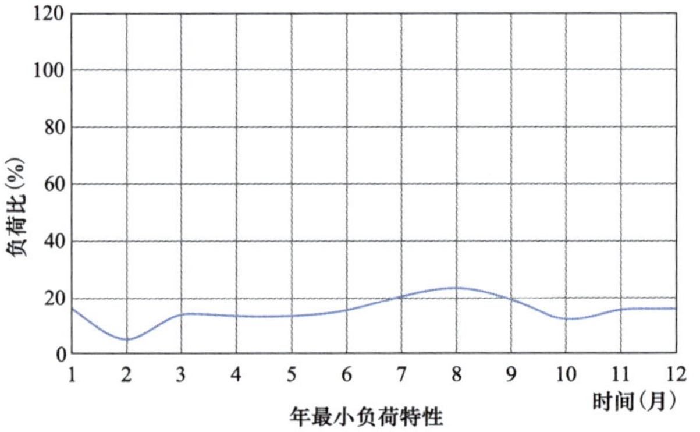

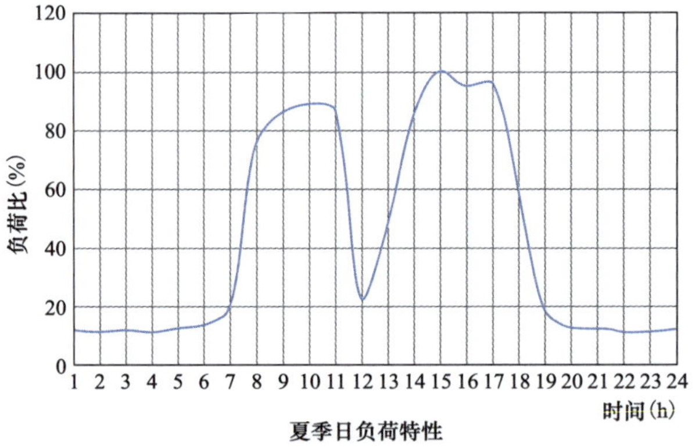

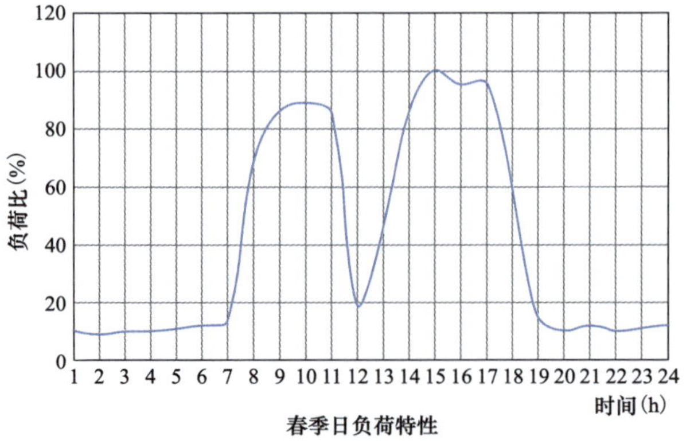

图 4-8　工业负荷特性曲线

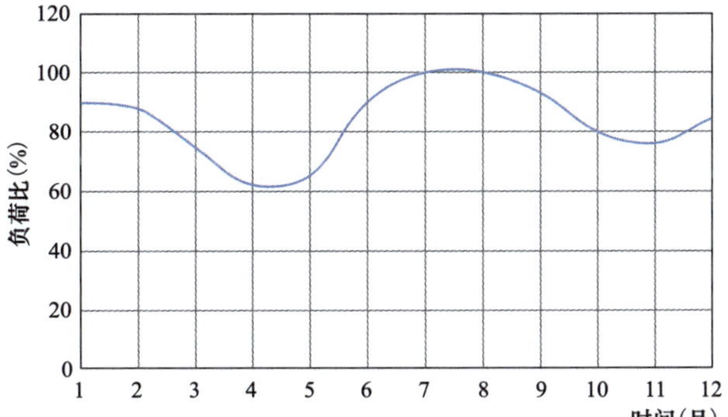

年最大负荷特性

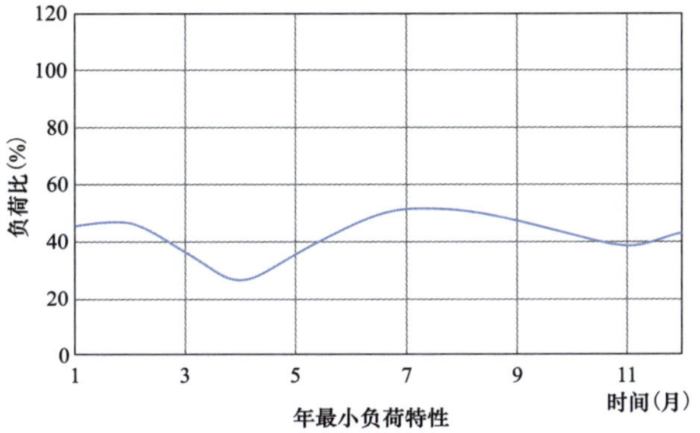

年最小负荷特性

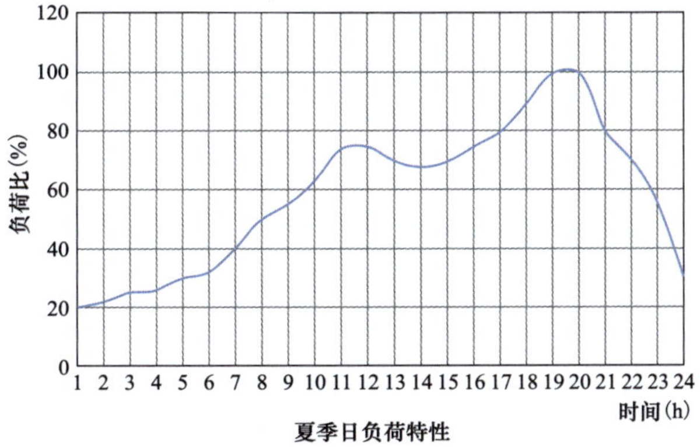

夏季日负荷特性

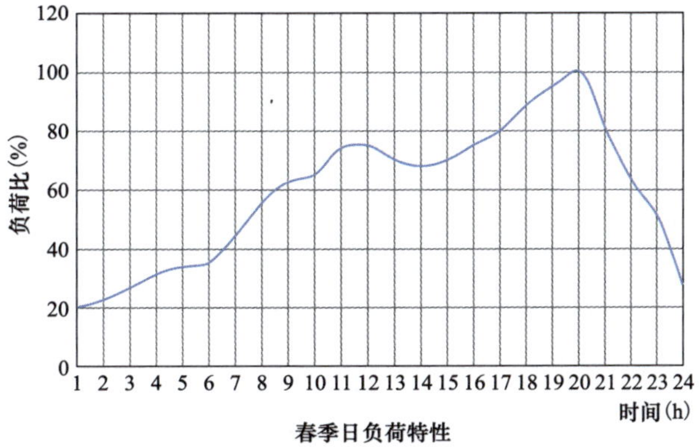

春季日负荷特性

图 4－9　居民负荷特性曲线图

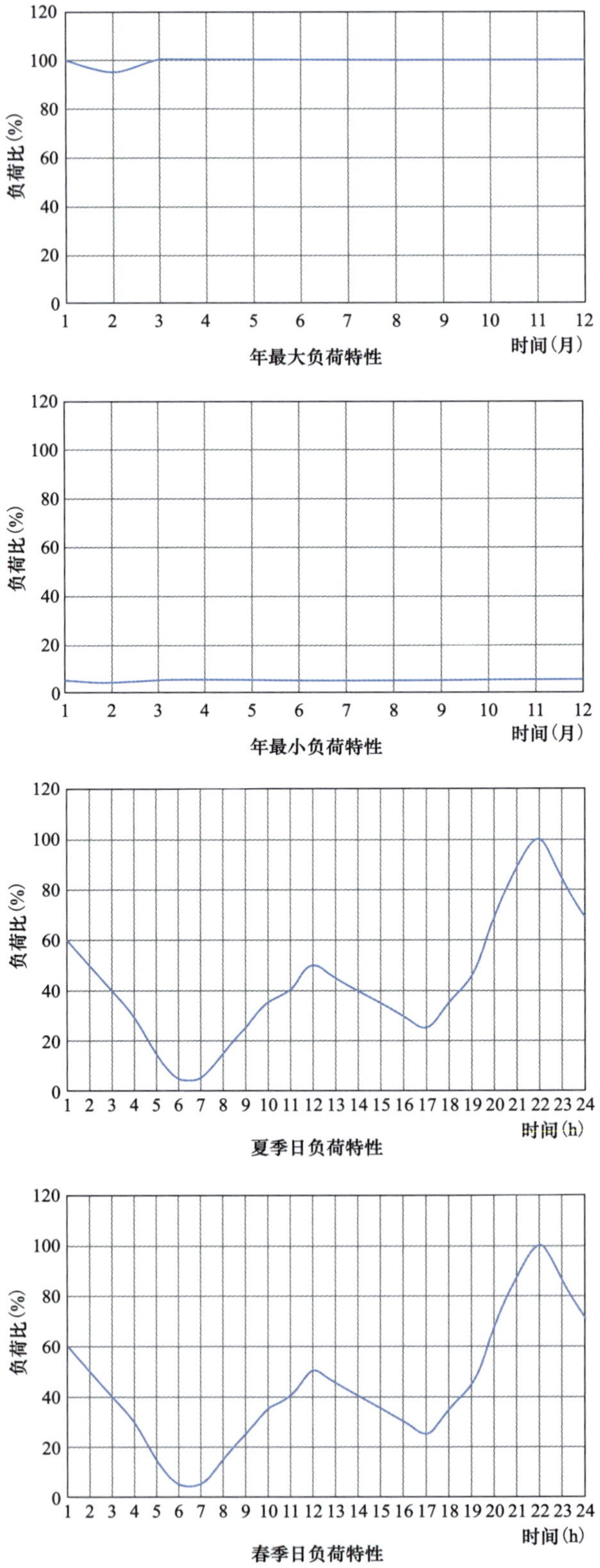

图 4－10　电动汽车充电负荷特性曲线图

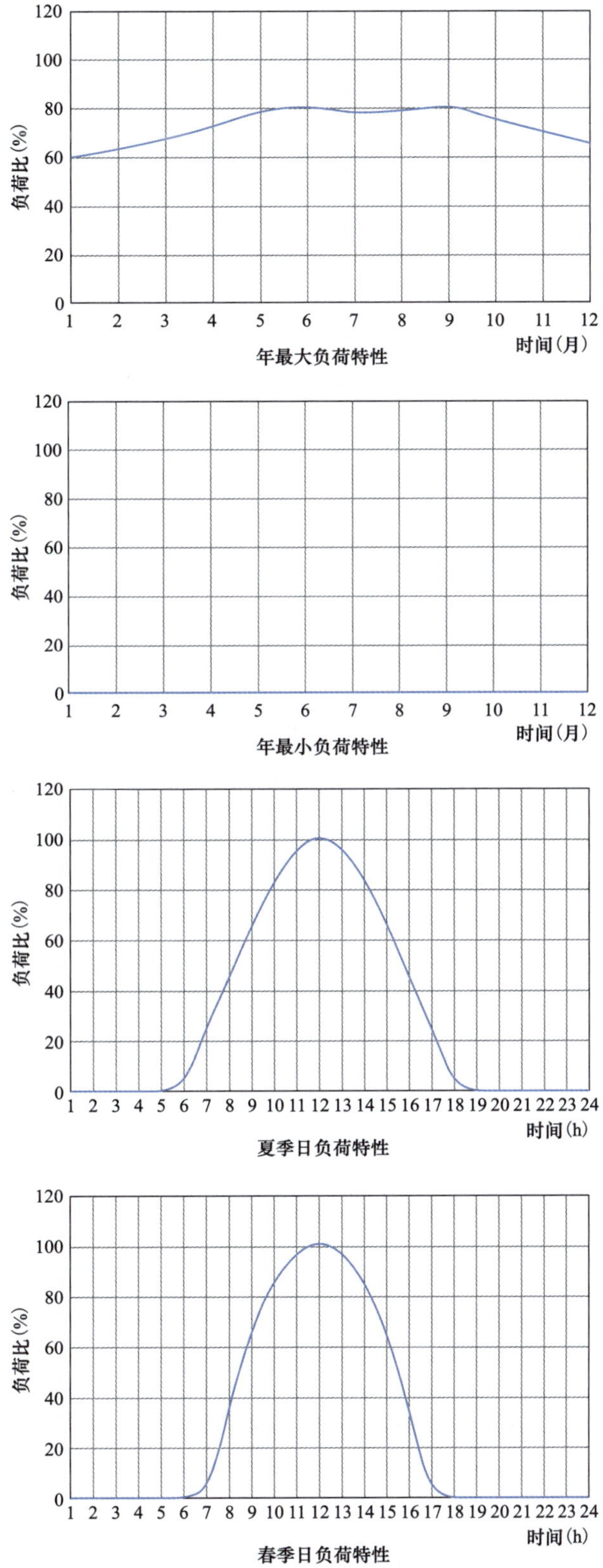

图 4－11　光伏出力负荷特性曲线图

（2）平衡场景分析。

工业、居民、电动汽车充电负荷定量预测最大值之和为 11MW，光伏装机容量 12MW 大于负荷之和，故该网格应进行受入平衡和送出平衡。

（3）平衡时段选取。

按照负荷年最大值 100%参与，光伏 20%参与的平衡原则，叠加网格所有负荷年最大负荷曲线及出力年曲线，得到年最大负荷出线时段为 8 月夏季。年负荷曲线叠加结果见图 4－12。

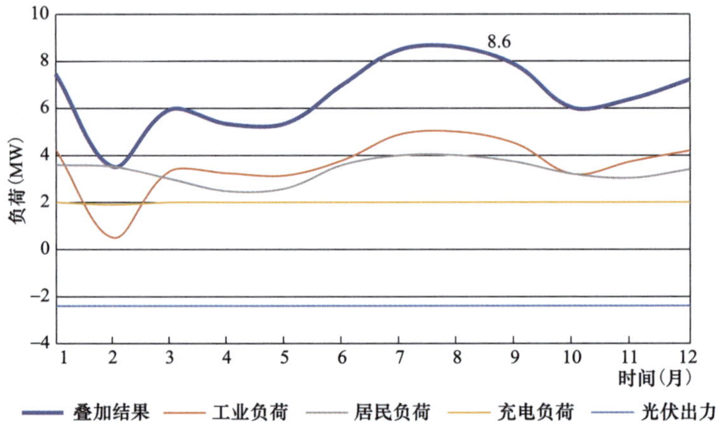

图 4－12　网格年最大负荷曲线

按照负荷年最小值 100%参与，光伏 80%参与的平衡原则，叠加网格所有负荷及出力曲线，得到年最小负荷出线时段为 4 月春季。年负荷曲线叠加结果见图 4－13。

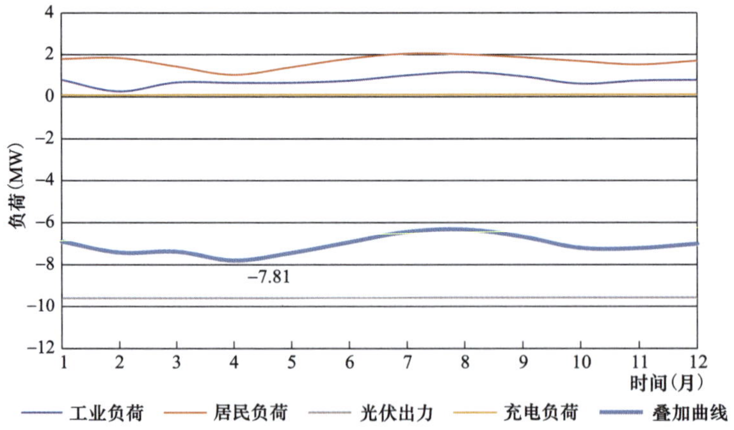

图 4－13　网格年最小负荷曲线

综合年负荷曲线叠加结果，该网格应进行夏峰受入和春谷送出两个场景的日负荷平衡。

（4）夏峰受入平衡。

平衡原则：负荷按 100%最大负荷值叠加特性曲线参与平衡；光伏按 20%装机容量叠加特性曲线参与平衡。受入日平衡曲线见图 4－14。

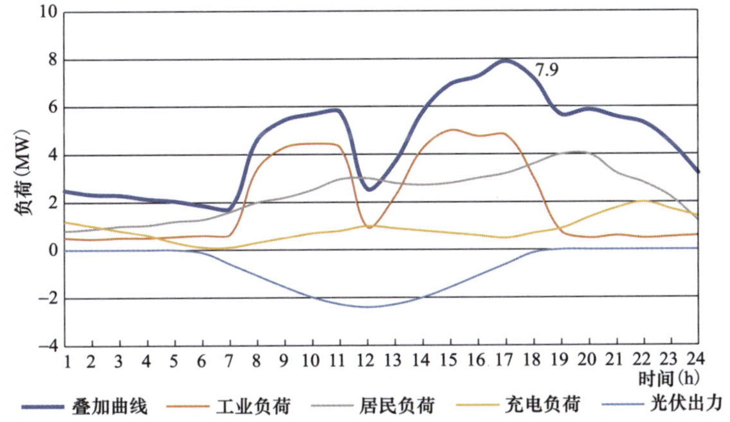

图 4-14 受入日平衡曲线

夏峰最大网供负荷 7.9MW，系统需向网格输入日电量 108MWh。

该网格目标网架为多分段单联络，考虑线路 $N-1$ 要求，单回架空线供电能力为 4000kW，则夏峰场景下该网格中压线路回数为

$$n=\frac{P}{p}=\frac{7.9}{4}=2(\text{回}) \tag{4-10}$$

若负荷达到高峰时，10kV 架空线路恰好处于 $N-1$ 状态，则运行的线路最大负载率将达到 98.75%，存在超载风险。分析平衡后的网格负荷曲线可得，在 16：30～17：30 这一个小时内，负荷曲线存在短时小高峰，可通过 500kW/1MWh 移动储能削峰填谷，降低超载风险。平衡后的负荷曲线见图 4-15。

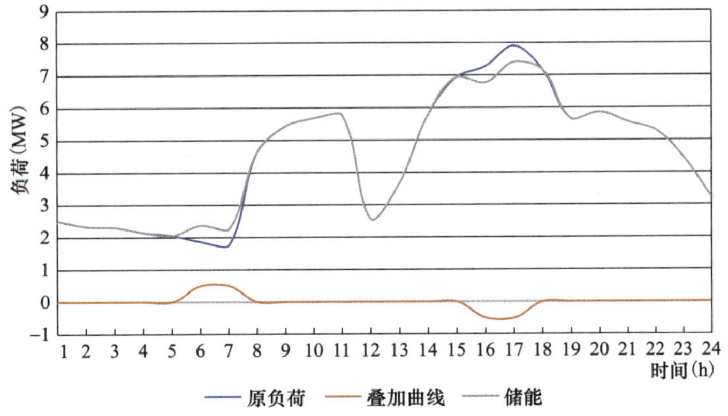

图 4-15 网格储能削峰填谷后综合负荷曲线

（5）春谷受入平衡。

平衡原则：负荷按年曲线中春季最大负荷值叠加特性曲线参与平衡（工业 65%年最大负荷、居民 62%年最大负荷、充电 100%年最大负荷）；光伏按 80%装机容量叠加特性曲线参与平衡。

春谷最大网供负荷为−6.01MW，系统需向网格输入日电量 24MWh，见图 4-16。

网格 A 目标网架为多分段单联络，倒送场景不考虑线路 $N-1$，单回架空线供电能力

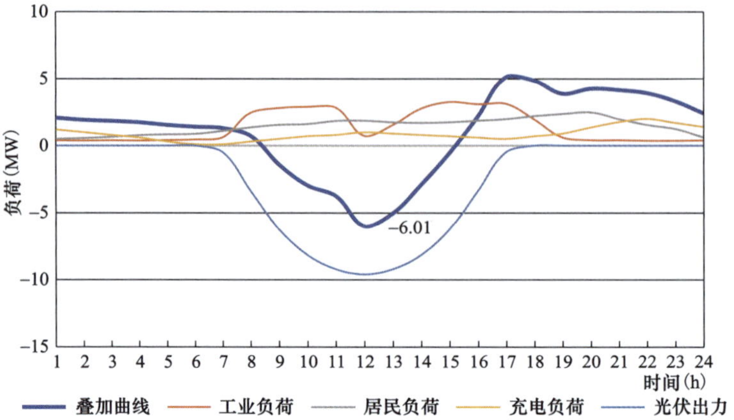

图 4-16　送出日平衡曲线

为 8000kW，则春谷场景下该网格中压线路回数为

$$n=\frac{|P|}{p}=\frac{6.01}{8}=1(\text{回}) \tag{4-11}$$

综合夏峰和春谷场景，网格 A 中压线路回数为 2 回，夏季单日最大输入电量为 108MWh，春季单日最小输入电量为 24MWh。

5　高弹性网架规划

坚强的电网结构是高弹性配电网的基础，也是能源互联网的核心组成部分，不同的网络结构适应不同的发展阶段和应用场景。

针对能源受入型场景，传统的中压配电网网架结构如单环式、双环式、多分段单联络、多分段适度联络已相对成熟，结合二次系统配合可满足高质量供电和高可靠性需求，因此能源受入型场景的目标网架建议仍采用单环式、双环式、多分段单联络、多分段适度联络接线。

针对能源送出型和平衡型场景，包含大量的直流电源与负荷，对能源资源的优化配置和消纳要求较高，因此可在传统典型网架结构基础上，结合柔性互联，构建环形柔性配电网结构。

5.1　典型接线

5.1.1　中压配电网传统接线

传统网络接线建议按照《配电网规划设计技术导则》（Q/GDW 10738—2020）约定，根据供电区域类型参考表 5-1 确定接线模式。

表 5-1　　能源受入型区域中低压配电网接线推荐表

线路形式	供电区域类型	接线模式
中压电缆网	A+、A、B	双环式、单环式
	C	单环式
中压架空网	A+、A、B、C	多分段适度联络、多分段单联络
	D	多分段单联络
低压配电网	全域	放射型、树干型

5.1.2　环形柔性配电网接线

（1）基本要求。

环形柔性接线构建一般应满足以下要求：

1）环形接线的构建一般为 4～6 条线路，接线数量过少不利于潮流动态均衡功能的发挥，接线数量过多对协调控制的要求过高。一般可结合地理位置、分布式电源接入容量、负荷情况等因素确定。

2）中心环上，应包含合理数量的直流和交流分段。位于两台 SOP 软开关之间的交流线路作为环形的交流分段，位于两台 SOP 软开关之间的直流线路作为环形的直流分段。

3）组成环形接线后，原接线组的联络点（常开点）改为分段点（闭合运行），联络功能由 SOP 软开关实现，组环线路全部闭环运行。

4）SOP 软开关的位置应设置在线路主要负荷或电源的前段。

（2）单环式组网。

单环式构建环形柔性接线，一般包含 3 组单环网（即 6 条线路），当线路数量不足时可将原有接线组解环重组，构建环形接线，但组环线路数不应少于 3 条。

SOP 软开关一般设置在上网电源或负荷密集区域，也可通过环网单元的改造实现。单环式接线改造方案见图 5－1。

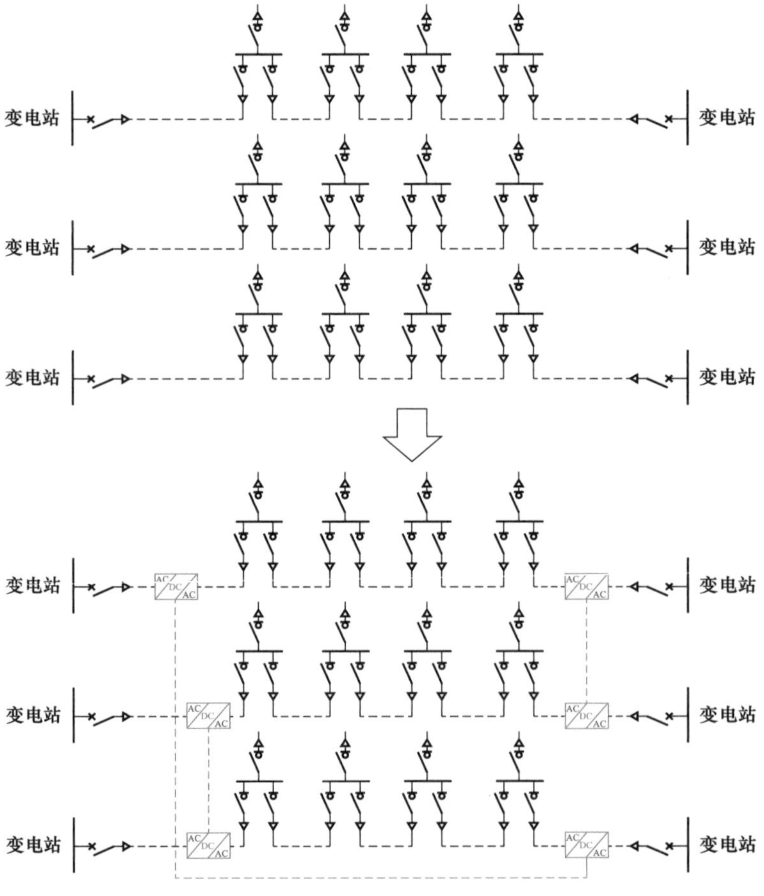

图 5－1　单环式接线改造方案

（3）双环式组网。

双环式构建环形柔性接线，需 2 个四端 SOP 开关单元。双环式接线改造方案见图 5－2。

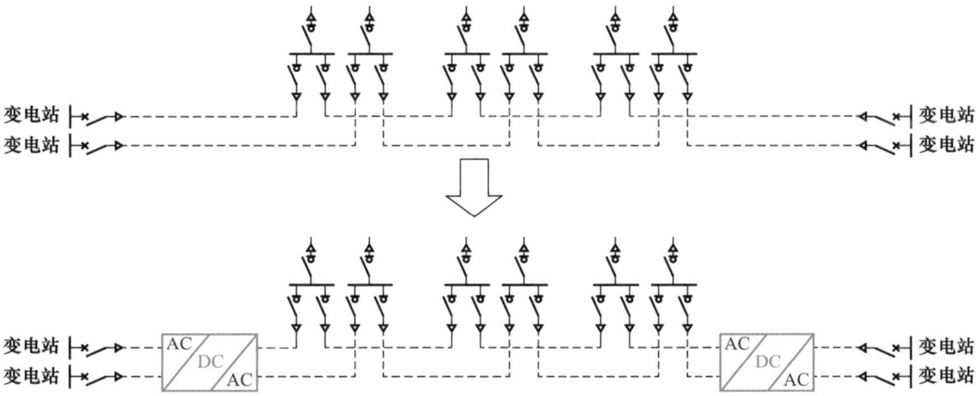

图 5－2　双环式接线改造方案

（4）多分段单联络组网。

多分段单联络构建环形柔性接线，与电缆单环网类似，一般包含 3 组单联络（即 6 条线路），当线路数量不足时可将原有接线组解环重组，构建环形接线，但组环线路数不应少于 3 条。多分段单联络接线改造方案见图 5－3。

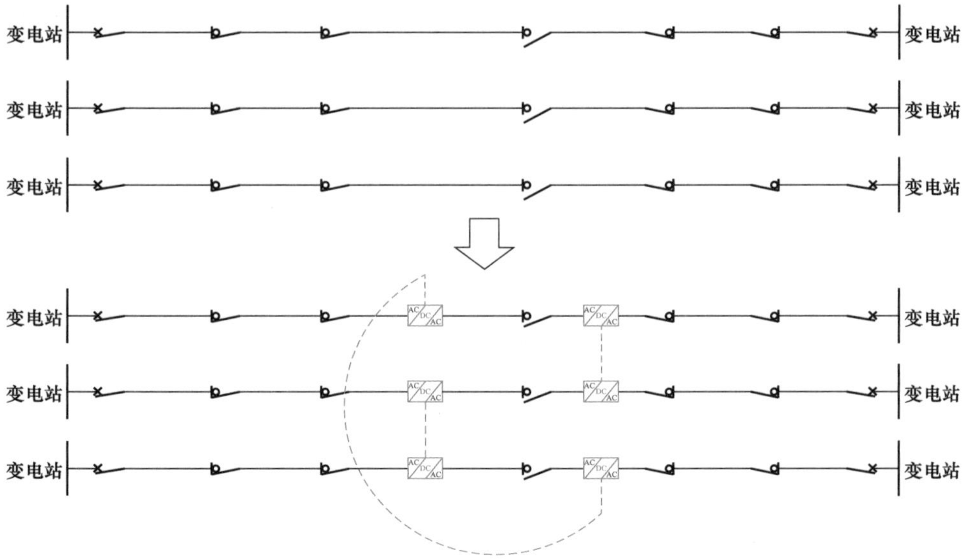

图 5－3　多分段单联络接线改造方案

（5）多分段适度联络组网。

按照《国网浙江省电力公司 10kV 配电网典型供电模式技术规范》（Q/GW11 355—2013—10104），多分段适度联络一般为 4 条架空线路和 4 个（或 6 个）联络点组成。

多分段适度联络构建环形接线，一般应将主线联络点（图中联络Ⅰ、联络Ⅱ）变更为分段点，闭环运行。分支联络点（图中联络Ⅲ、联络Ⅳ）拆除，分支联络线改造为直流分段。多分段适度联络接线改造方案见图 5－4。

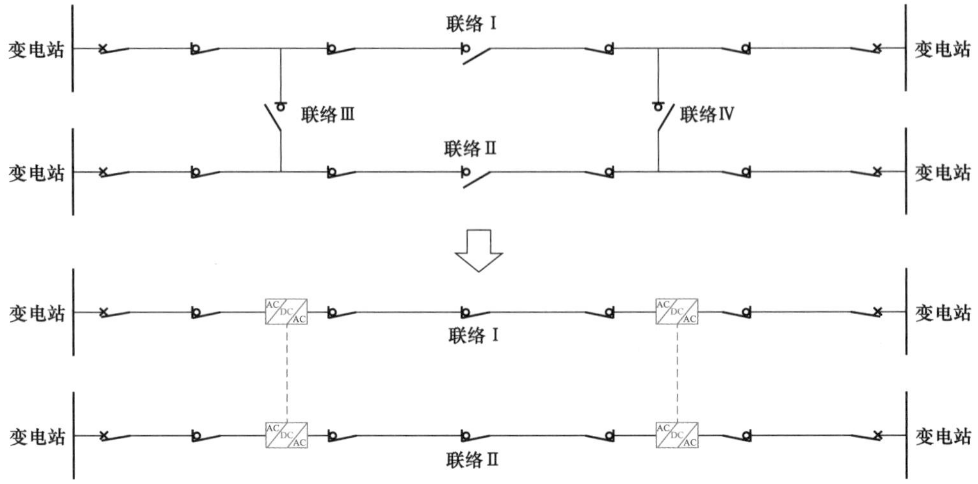

图 5-4　多分段适度联络接线改造方案

5.1.3　并网型微电网接线

微电网指具有明确电气边界的多个分布式能源和负载互联形成的单一可控系统，既可运行于并网模式也可运行于孤岛模式。典型电网结构可分为并网型微电网典型结构和独立型微电网典型结构。并网型微电网的目的是提高用户供电可靠性，优化利用本地电源；而独立型微电网主要解决公共配电网尚未建立的偏远地区的供电问题。微电网主要特点有“微型”“清洁”“自治”和“互动”等。

微电网的典型应用场景主要有保障可靠性、边远供电、能源自发自用、防灾减灾等。

（1）以保障可靠性为目的的微电网，与公共配电网相连时，适用于一个校园、一个活动中心等区域；为特定设施服务时，适用于一个用户自建供电区域、一个军事基地、一家医院等。

（2）以提高供电经济性为目的，为偏远地区供电的微电网，例如偏远农村、海岛等地建立的独立型微电网。

（3）以降低用户在并网运行模式时的用电成本为目的的微电网，可通过新能源就近上网和消纳、储能设备优化、可调度负荷及可调度的电源等，为公共配电网提供辅助服务。

（4）以提高防灾减灾能力为目的的微电网，可优化储能设备、可调度负荷及可调度的电源等，该种微电网一般建于灾害频发地区或有重要负荷的地区。

并网型微电网典型结构主要有单母线结构、分段母线结构和多层母线结构三种。其中单母线结构主要用于中压或低压微电网（见图 5-5）；分段母线结构一般用于供电可靠性要求高的微电网（如大型海岛或者城市社区供电，见图 5-6）；多层母线结构一般用于供电范围较大，分布式电源相对分散的微电网（见图 5-7）。

5.1.4　低压配电网接线

低压台区接线型式可根据运行场景灵活选择，传统能源受入型台区可选择树干型接线和放射型接线。

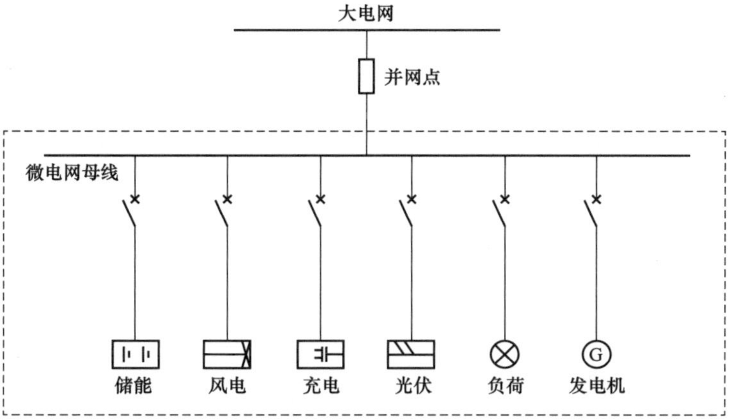

图 5－5　单母线典型结构

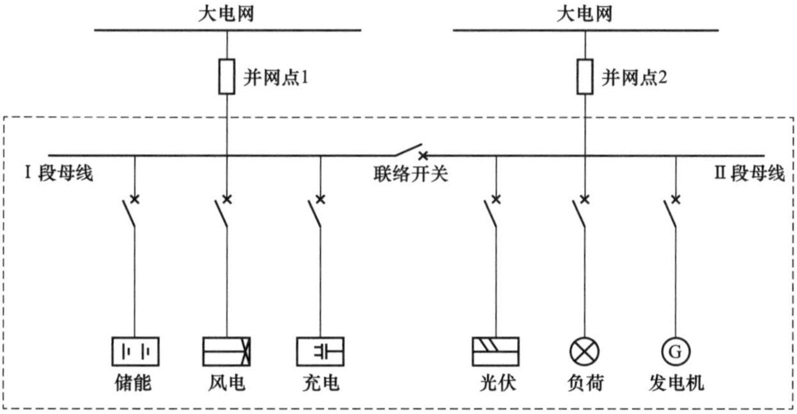

图 5－6　分段母线典型结构

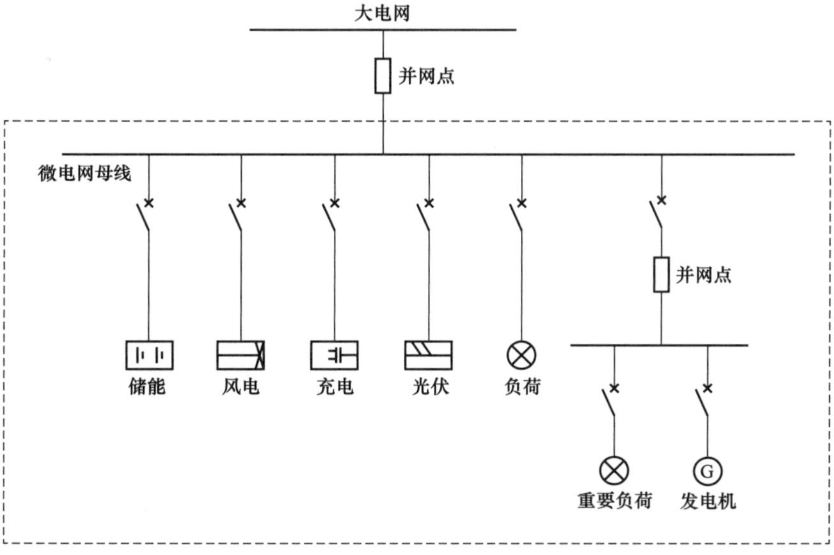

图 5－7　多层母线典型结构

分布式光伏密集的公变台区可按照配电网分层分区就近消纳新能源的要求，建立低压联络或构建低压微电网。通过低压柔性互联，将冗余功率从一个台区快速地转移至另一个台区下辖区域，减少功率倒送，实现分布式光伏的就地、就近消纳，将有效提升配电网对交直流负荷的接入能力、应急支撑能力、重要负荷不间断供电保障能力。

（1）树干型和放射型典型接线（见图5-8）。

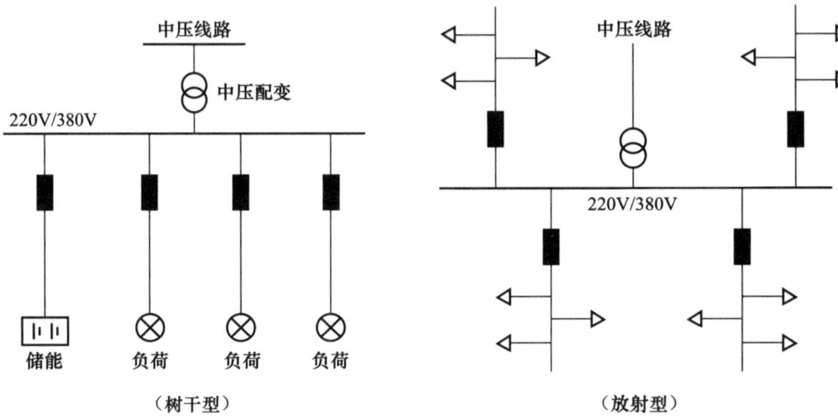

图5-8　低压配电网传统典型结构

（2）扩展型接线。

户内布置的配电室，具备两台及以上公用配变的，可采用低压母联接线，开环运行，亦可采用低压母线SOP软开关直连接线，闭环运行（见图5-9）。对于同时存在直流负荷、分布式直流电源、储能等直流主体的台区可扩展为交直流混合接线（见图5-10）。

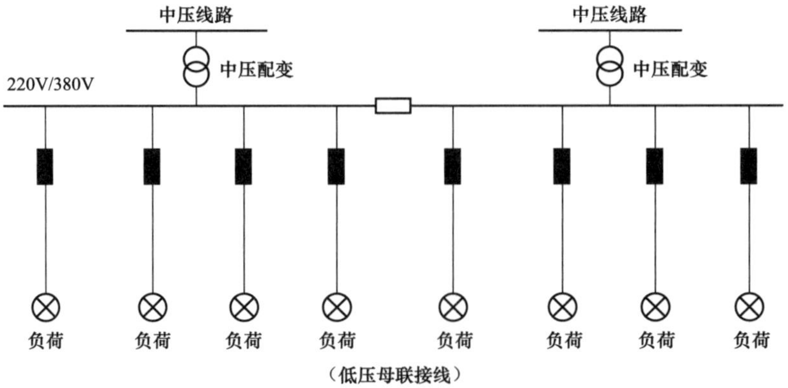

图5-9　台区母线联络接线（一）

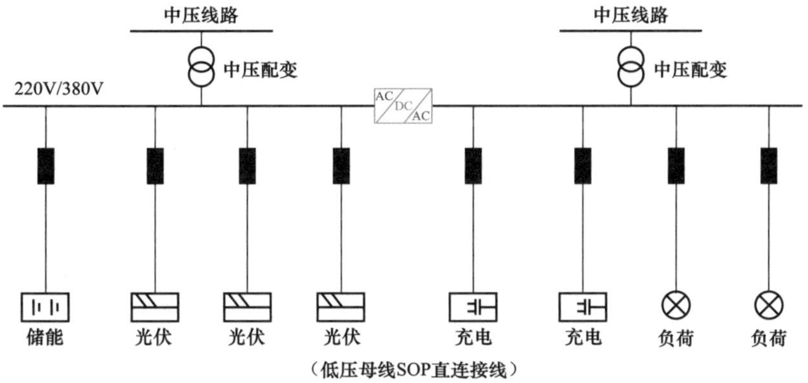

图 5－9　台区母线联络接线（二）

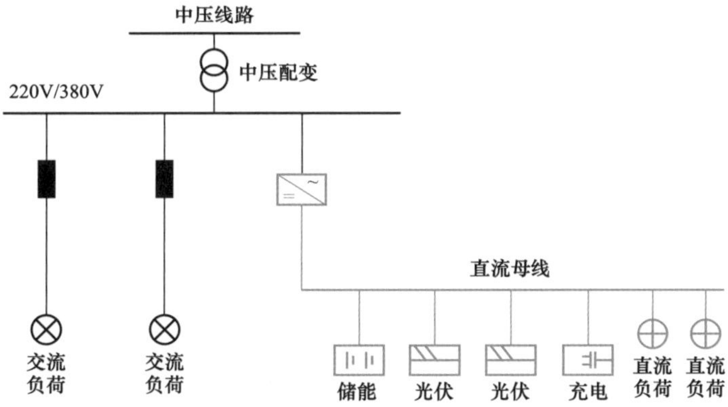

图 5－10　台区交直流混合接线

5.2 高弹性网架优化规划

高弹性配电网规划应充分利用负荷特性分析，结合“峰谷”耦合的特性，开展网架优化规划，提升电网运行效率和投资效益。本手册共列举了重载线路分流优化、轻载线路提效优化、承载能力提升优化、源网荷储协调优化、联络线路耦合优化和间隔腾退整合优化共六个高弹性网架优化方案。

5.2.1　重载线路分流优化

依据线路及用户空间分布，将重载线路负荷分流至邻近线路，优化负荷分配，降低重载线路的挂接容量及运行负荷，解决线路重载问题。

如图 5－11 所示，A 线最高负载率大于 80%，为重载线路。将 A 线挂接的 H1 环网室内负荷 1－3 分流至 B 线 H2 环网室，A 线负载率降低至 80%以下。

5.2.2　轻载线路提效优化

依据线路及用户空间分布，通过将邻近线路负荷分流至轻载线路，优化负荷分配，提高轻载线路利用效率，提升效能，节省投资。

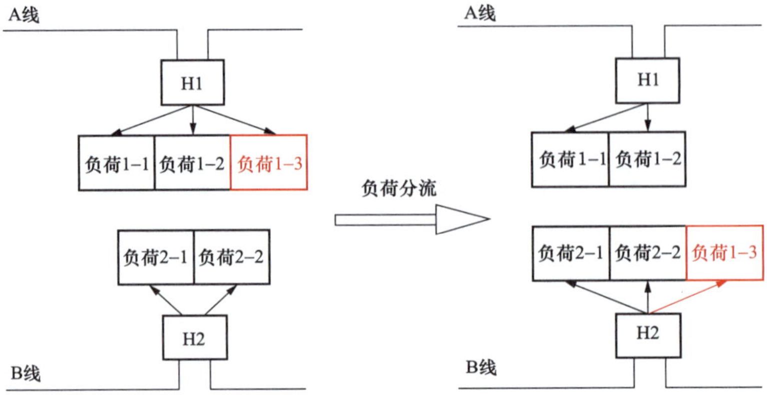

图 5-11　重载线路分流优化示意

如图 5-12 所示，A 线最高负载率小于 30%，为轻载线路。通过将 B 线挂接的 H2 环网室内负荷 2-3 切割至 A 线 H1 环网室，A 线负载率提升至 30%以上。

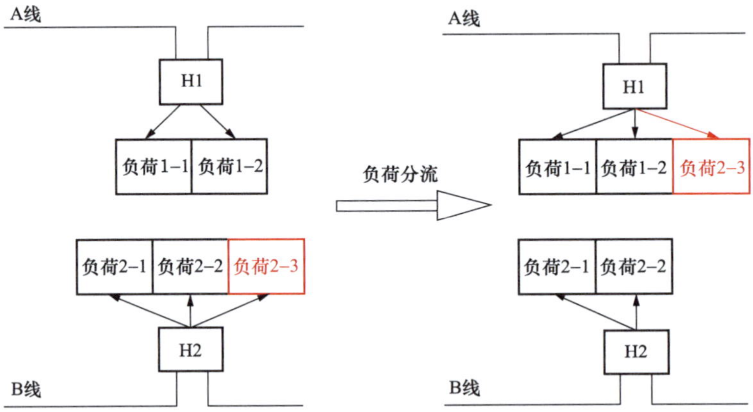

图 5-12　轻载线路提效优化示意

5.2.3　承载能力提升优化

研究不同性质负荷耦合后最大负荷同时率规律，通过选取不同类型典型用户（影视、居民、商业、工业），对其典型日负荷、年负荷特性进行耦合分析，提出用户负荷错峰耦合方案，优化接线组供电负荷类型，提升优化线路承载能力和设备利用效率（见图 5-13）。

居住负荷与办公负荷、商业负荷、工业负荷的负荷特性曲线进行耦合可得到显著错峰效果，通过不同的组合方式可释放 10%～21%的弹性供电能力。以居住负荷、办公负荷为例说明：办公负荷高峰在白天，居住负荷高峰出现在晚上。将 A 线的居住办公负荷和 B 线的居住负荷进行换线改接，可降低 A、B 线路最高负荷，提升供电能力。

5.2.4　源网荷储协调优化

在高弹性配电网网架规划时，开展源网荷储一体化平衡分析，优化光伏发电、储能等设施的接入点位，实现线路负荷曲线的削峰填谷、移峰移谷（见图 5-14）。

A 线路负荷为浙江电网典型的“双高”负荷曲线，新能源加储能电站的接入，有效降低“双高”的峰值负荷。

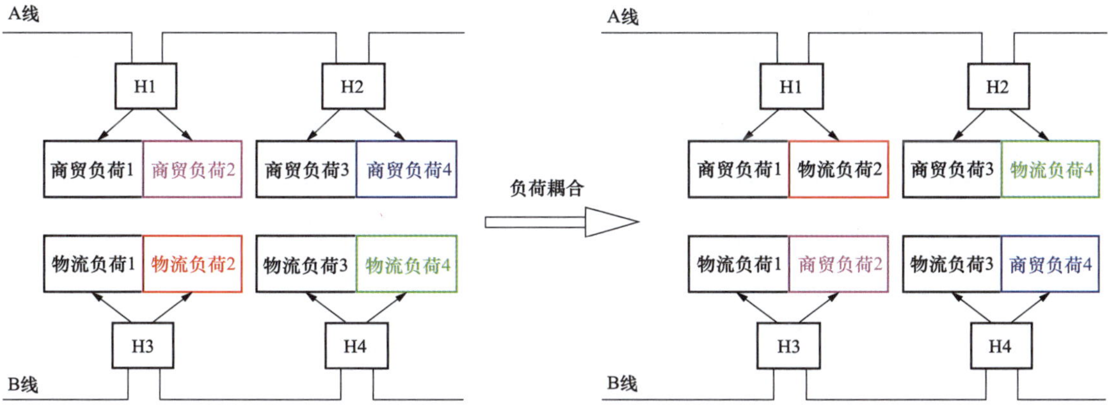

图 5-13　承载能力提升优化示意

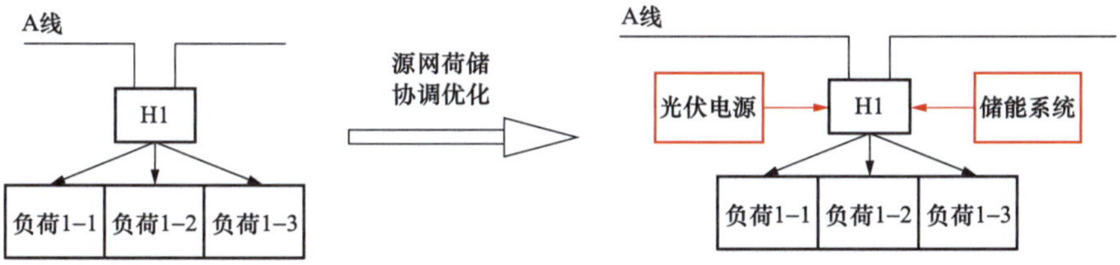

图 5-14　源网荷储协调优化示意

5.2.5　联络线路耦合优化

通过当前线路与对侧联络线的负荷特性分析，判断二者峰谷耦合能力，地理位置允许的前提下，将耦合能力强的线路进行配对，保障极端情况下的负荷转移能力，提升线路 $N-1$ 通过率（见图 5-15）。

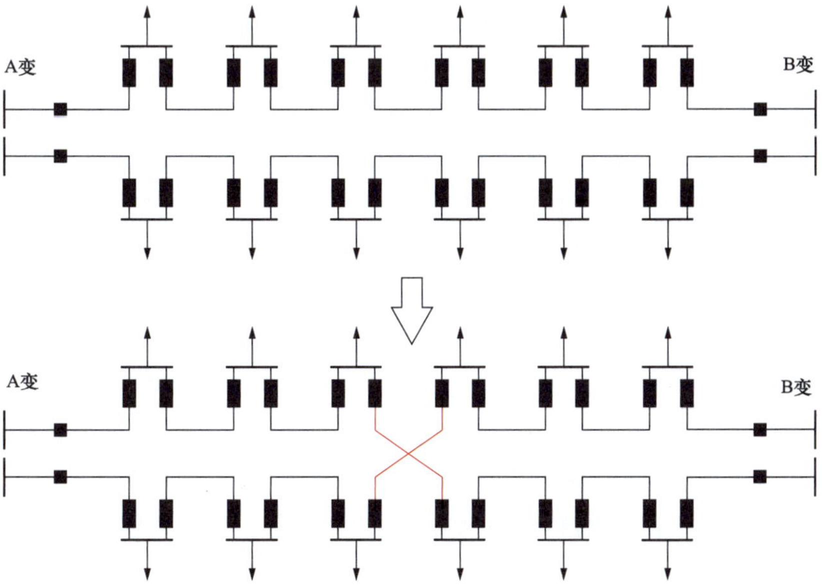

图 5-15　联络线路优化示意

5.2.6 间隔腾退整合优化

对现有变电站出线间隔利用效率进行评估，整合轻载线路间隔，提高间隔资源利用效率，唤醒变电站沉睡资源（见图 5－16）。

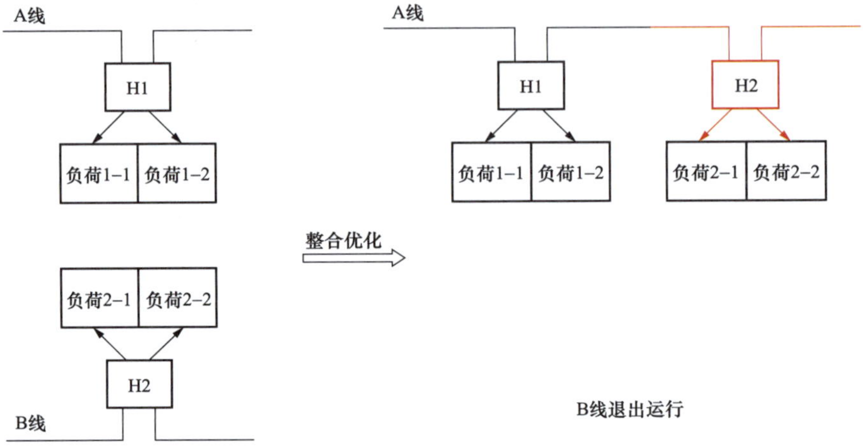

图 5－16　间隔整合优化示意

A、B 线路为负载率长期低于 30％的轻载线路，将 B 线挂接的 H2 环网室改接至 A 线，B 线退出，提高 A 线路负载率。

5.2.7 应用案例

（1）基本情况。

以图 5－17 中 10kV 云石 C954 线为例，线路年最大电流为 320.31A，线路限额为 400A，线路最大负载率为 80.08％，云石 C954 线为重载线路；取用同路径线路马谷 C956 线进行负荷特性研究，数据取自网上电网系统（PIS）。

（2）特性分析。

线路整点负荷见图 5－18，云石 C954 线线路日负荷为白天高晚上低，高峰负荷发生在 10 点至 18 点；同路径马谷 C956 线线路日负荷特性为晚上高白天低，高峰负荷发生在 22 点至 6 点；高峰负荷发生时间不同，因此可将两条线路负荷交换，以削减负荷峰谷差，降低线路负载率，提高设备利用率。

（3）负荷预测及方案调整。

以 10kV 云石 C954 线为例，线路年最大电流为 320.31A，线路限额为 400A，最大负载率为 80.08％，属于重载线路。云石 C954 线线路日负荷特性为白天高晚上低，同杆架设的另一条 10kV 马谷 C956 线日负荷特性为晚上高白天低。经分析，云石 C954 线供电用户中的塑料薄膜制造厂对线路高峰负荷贡献显著，最大负荷 873kW（见图 5－19），占线路负荷的 16.72％，但用户负荷特性与马谷 C956 线互补。将塑料薄膜制造厂的负荷转接至马谷线后，云石 C954 线负载率降低至 69.23％，负载率降低了 10.85％，而马谷 C956 线负载率只增加了 2.4％，改造费用在 2 万元以下，改造后两条线路设备的利用率均得到提升（见图 5－20）。

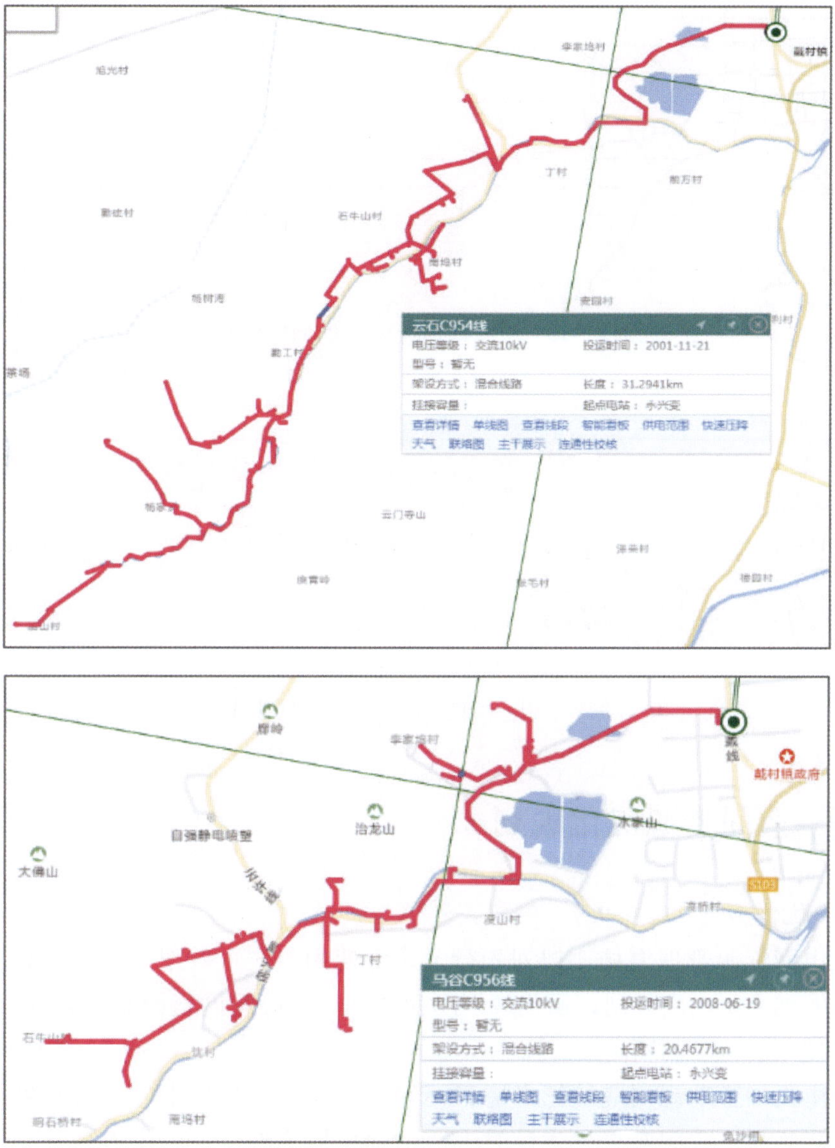

图 5－17　10kV 云石 C954 线和马谷 C956 线位置图

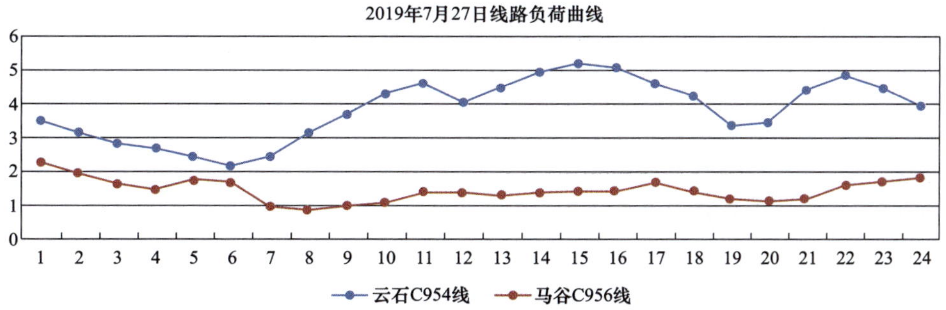

图 5－18　线路调整前负荷特性曲线

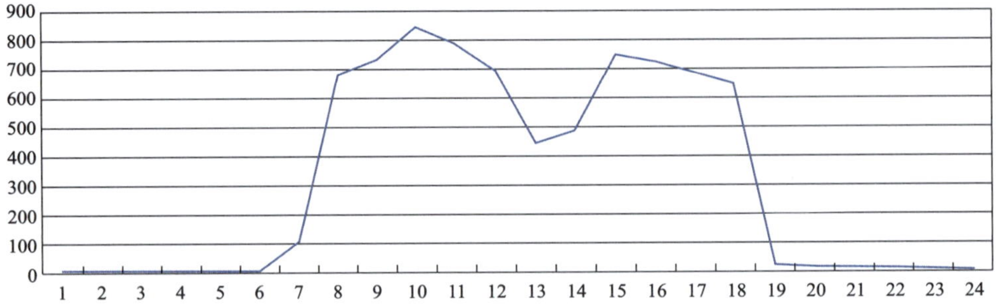

图 5-19　塑料薄膜制造厂负荷特性曲线

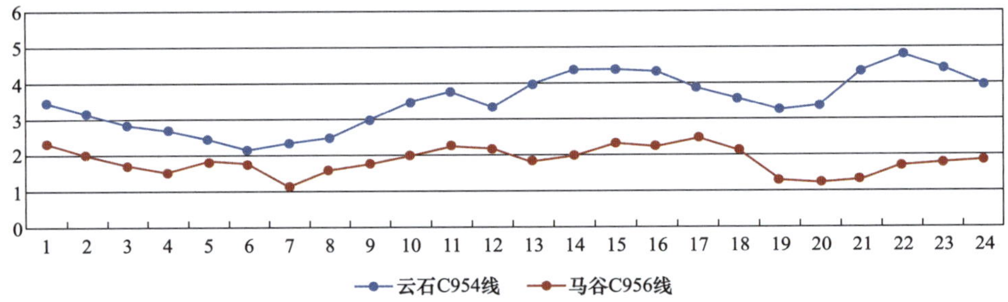

图 5-20　调整后线路负荷特性曲线

5.3 空间资源优化规划

5.3.1 优化原则

（1）配电网资源管理遵循“规划先行、统筹使用、注重效率、信息共享”原则，坚持将各类资源纳入配电网规划，强化规划刚性约束，保障配网资源布局合理、时序匹配、规模适度、使用规范、利用高效。

（2）配电网中远期规划应统筹考虑目标网架建设、用户供电和合理预留，提出各类配网资源远景规模、空间布局、建设时序。近期规划应综合考虑供电现状、目标网架和业扩需求预测，提出资源建设和使用方案。

（3）配电网资源使用应符合规划，做到节约高效，分配和使用遵循“先公用后专用”原则，用户不得抢占公用电网在用资源及规划预留资源。

（4）深化“网上电网”配电网资源管理功能开发与应用，支撑资源流程管理和信息共享，提高资源管理信息化、数字化水平。

5.3.2 间隔资源优化

梳理中压间隔整体利用情况，包括用户间隔资源利用现状，对轻载间隔通过技术和管理手段提高利用效率。

（1）110kV 变电站或 10（20）kV 直配的 220kV 变电站每台主变一般配置 10～14 个出线间隔，原则上专线间隔不超过 2 个、留用间隔 1 个，其余为公线间隔，园区变电站经论证后可适当调整专线间隔数量；35kV 变电站原则上不安排 10（20）kV 专线间隔，分配留用间隔 1 个，其余为公线间隔。

（2）科学合理规划新建开关站，可以减少相同路径的线路数量，减少变电站间隔占用。

（3）对于长期轻载的公用线路，在满足线路转供的情况下，可采取合并措施。

（4）在制定供电方案时，应重点考虑用户负荷特性，充分利用分类用户峰谷耦合，提升间隔综合利用效率，优化电网资源配置。

（5）在专线间隔需求较多区域，每台主变可建设 1 座间隔扩展型开关站，专线可先接入开关站，根据负荷发展按需适时改接至变电站间隔。

（6）对于分期投运的用户，可按照分步接入的模式，先从开关站、环网室接入，待远期负荷发展后接入变电所。

（7）建立用户专线准入和退出机制，优化间隔资源管理。提高专线用户接入标准，根据用户负荷性质、增长速率、可靠性要求等因素，差异化制定接入方案，推动间隔集约使用。开展用户专线负载率梳理分析，对长期轻载用户通过专线改接、合并等措施，实施专线间隔有序退出，动态唤醒电网侧沉睡资源。

5.3.3 廊道资源优化

电缆通道的规模应考虑远期发展的要求，通道走向应与规划道路走向相结合，路径选择应考虑安全、可行、维护便利及节省资等要求。有条件时可与市政工程共建管沟。

（1）在新建开发区、产业园区等区域，应结合道路网规划预留电缆通道位置，并与路网同步建设电缆通道。

（2）110kV 及以上变电所出口电缆通道应结合变电所最终进出线规模而定，原则上 110kV 及以上高压配电线路不宜与中压配电线路同管沟。

（3）10（20）kV 配电室、环网室的进出线主通道应根据变电所、开闭所、环网室的最终土建规模核算最终进出线回路数，并以此确定电缆通道的规划规模。

（4）电缆通道应根据规划结合道路建设尽量一次建成，原则上建在道路东或南侧。道路宽度在 25m 及以下的城市支小路新建主沟不小于 8 孔；道路宽度在 25m 以上的城市主、次干路新建主沟不小于 16 孔；道路宽度大于 40m 的城市干道，可在道路两侧均设置电缆沟主沟；路口横穿管道规模宜与主沟一致。

（5）电缆管沟建设时应同步配置 2 回电力通信通道。

（6）电缆通道资源使用时预留 2～4 孔作为应急抢修或规划备用，用户新建通道需满足“一用一备”要求。

6 分布式电源接入

6.1 分布式电源概述

6.1.1 定义

分布式电源指接入35kV及以下，在用户所在场地或附近建设安装，运行方式以用户侧自发自用为主、多余电量上网，且在配电网系统发挥平衡调节作用的发电设施或有电力输出的能量综合梯级利用多联供设施。其主要包括太阳能、天然气、生物质能、风能、地热能、海洋能、资源综合利用发电（含煤矿瓦斯发电）等。

6.1.2 发展形势

在国家"碳达峰、碳中和"、构建以新能源为主体的新型电力系统战略目标引领下，分布式电源将成为未来一段时期新能源发展重点。浙江省分布式电源以分布式光伏为主，主要建设于工商业企业和居民屋顶，截至2020年12月，全省光伏发电装机达到1517万kW，其中分布式光伏1070万kW，占比约70%，并网容量居全国前列。近期，国家能源局印发《关于报送整县（市、区）屋顶分布式光伏开发试点方案的通知》，要求利用建筑屋顶开发分布式光伏，推动资源整合集约利用、引导绿色能源消费。这将促进分布式光伏应用由客户自发式向政府主导式发展，进一步提升浙江分布式光伏规模化集中连片开发水平。

6.2 接入技术原则

由于分布式电源（光伏）建设地点和出力的不确定性，伴随其高密度高渗透接入电网，系统负荷、电源等规划边界条件发生重要变化，电网规划将由原来的确定性规划转变为多场景概率性规划，规划理念、方法需要进行适应性调整。

高弹性配电网规划需重点开展多元负载耦合场景下分布式电源接入配电网的适应性分析，核算配电网对分布式电源的接入和消纳能力，并提出储能等灵活调节资源配置建议，满足分布式电源发展和源网荷储协同规划要求。

（1）分布式电源接入容量应按照安全性、灵活性、经济性的原则，根据已接入分布式电源容量、配电线路载流量、上级变压器及线路可接纳能力、地区配电网负荷等情况综合比选后确定。

（2）在分布式电源接入前，应以保障电网安全稳定运行和分布式电源消纳为前提，对接入的母线、线路、开关等进行短路电流和热稳定校核，如有必要也可进行动稳定校核。不满足运行要求，应进行相应电网改造或重新规划分布式电源的接入。

（3）建立健全分布式电源消纳能力评估机制，在配电网规划中分站分线测算分布式电源（光伏）最大接入能力，评估结论动态更新，定期发布，促进分布式电源项目科学布局和源网荷动态匹配。

6.2.1 接入容量

（1）叠加计算法。

配电网承载能力反映配电网对分布式光伏的接入和消纳能力，其影响因素主要有配电网的输送能力、短路容量、负荷水平、调节资源（储能）及分布式光伏的接入位置。

通过梳理网格内负荷特性曲线、储能充放电曲线，与分布式电源出力曲线进行耦合，以耦合后整体上送潮流不超过本线路的允许容量，所有本级配电网上送潮流之和不超过上一级变压器的额定容量以及上一级线路的允许容量为边界条件，测算分布式电源理论可接入容量，然后利用系统短路容量、电压波动约束校核测算数据，得到分布式电源实际可接入容量。

1）抓取网格内负荷特性曲线数据及规划增长量，拟合规划期内负荷特性曲线。

2）分析网格内负荷特性曲线，结合上一级电网允许本级电网上送容量和接入储能的出力情况，测算该网格分布式光伏最大可接入容量，其计算式为

$$E_{\text{permit}}=(P_{\text{o}}+S_{\text{limit}}+S_{\text{ES}}\cdot\eta_{\text{ES}})/\eta \tag{6-1}$$

式中 P_{o}——年最小日间负荷，或按年最大负荷10%取值；

S_{limit}——本级电网上送约束容量，取上一级变压器额定容量、线路的允许容量的较小值；

S_{ES}——该线路接入的储能容量；

η_{ES}——储能出力系数，取储能容量的70%～90%；

η——分布式光伏最大出力系数，取80%。

根据测算边界条件，可规划在分布式光伏集聚的产业园区，分布式光伏与储能装置、可调节负荷等灵活资源协同运行时，可提升系统分布式电源接入和消纳能力。

（2）近似计算法。

1）最大接入容量。

$$\text{线路极限接入容量}=\frac{\text{线路限额}}{k_1}\times k_2\times k_3\times k_4 \tag{6-2}$$

式中 k_1——光伏出力系数，根据全省分布式光伏出力情况统计，浙江地区一般可按照0.8考虑；

k_2——送出能力校验系数，按现行标准，一般取0.8；

k_3——分散系数，均匀接入时，建议取值为1；集中接入时，首段1/3取1；中间段1/3取0.9；末段1/3取0.8；

k_4——负荷系数，根据线路夏季白天最小负荷确定，最小负荷越大，取值越大，一般取值为1～1.25。

2）最优接入容量。

分布式光伏接入的一般原则为就地平衡、网损最小。

负荷分布均匀时，接入位置位于线路1/2处附近时，最优接入容量为最大负荷的3/4；接入位置位于线路末端时，最优接入容量为最大负荷的1/2。

负荷集中分布时，尽量接入到负荷集中点，接入容量不宜超过最大负荷。

3）新能源插座配置。

新能源插座一般配置在分布式新能源（主要指光伏发电）发展较快的区域。插座容量可结合导线截面选择，240mm^2的导线建议插座容量选择1～2.5MW，180mm^2的导线建议插座容量选择0.75～1.9MW。新能源插座的配置数量可参考表6-1确定。

表6-1　　新能源插座的配置数量推荐表

供电区域	总数量	每个分段数量
A+、A、B、C	3～5个	不超过1个
D	6～12个	不超过2个

6.2.2 接入电压

分布式电源并网电压等级可根据装机容量进行初步选择，一般可参照表6-2，最终并网电压等级应根据电网条件，通过技术经济比选论证确定。

表6-2　　分布式电源并网电压等级参考表

电源总容量范围	并网电压等级	电源总容量范围	并网电压等级
8kW及以下	220V	400kW～6MW	10kV
8～400kW	380V	6～100MW	35kV、110kV

6.2.3 接入方式

分布式电源接入方式可分为直接接入公共电网、接入用户内部电网两种方式。实际接入管理中应根据分布式电源装机容量并兼顾运营模式，合理确定接入电压等级、接入点。具体接入方式可参考以下典型方案。

（1）10kV专线接入公共电网。

本方案主要适用于采用全额上网的分布式电源项目接入，公共连接点为公共电网变电站10kV母线，单个并网点参考装机容量1～6MW；公共连接点为公共电网开关站、配电室或箱式变压器10kV母线，单个并网点参考装机容量400kW～6MW。10kV专线接入公共电网接线见图6-1和图6-2。

（2）10kV T接方式接入公共电网。

本方案主要适用于采用全额上网的分布式电源项目接入，公共连接点为公共电网10kV线路T接点，单个并网点参考装机容量400kW～6MW。10kV T接方式接入公共电网接线见图6-3。

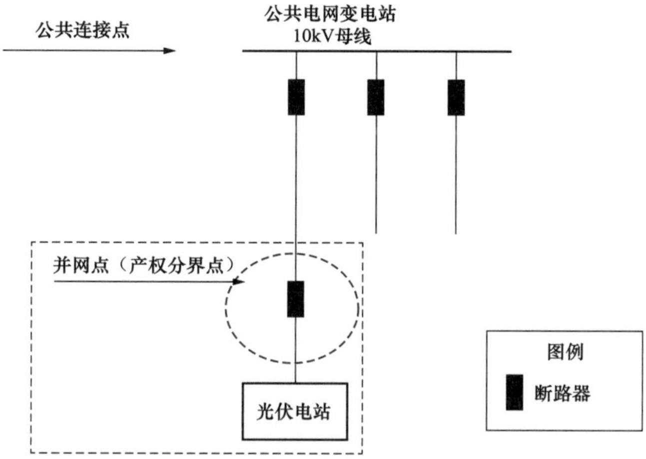

图 6-1 10kV 专线接入公共变电站 10kV 母线

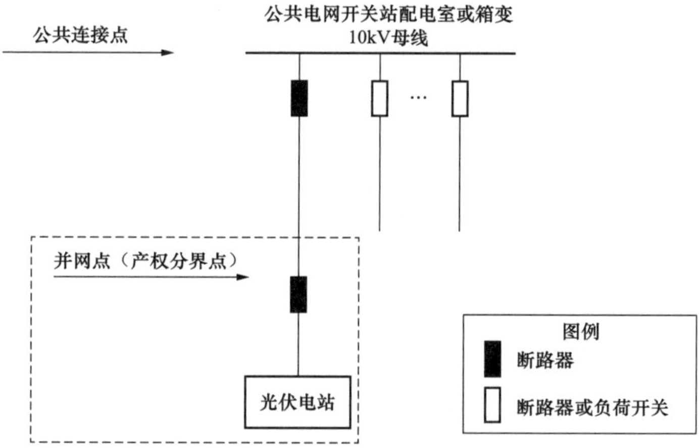

图 6-2 10kV 专线接入开关站、配电室或箱式变压器 10kV 母线

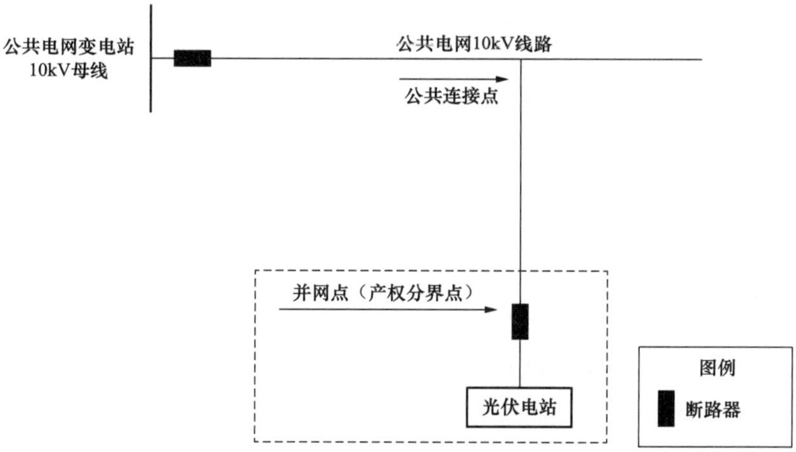

图 6-3 10kV T 接方式接入公共电网

（3）10kV 接入用户内部电网。

本方案主要适用于接入用户内部电网，自发自用、余量上网的光伏发电项目，单个

并网点参考装机容量 400kW～6MW。按照用户接入公共电网方式的不同分为两个子方案。10kV 接入用户内部电网接线见图 6－4 和图 6－5。

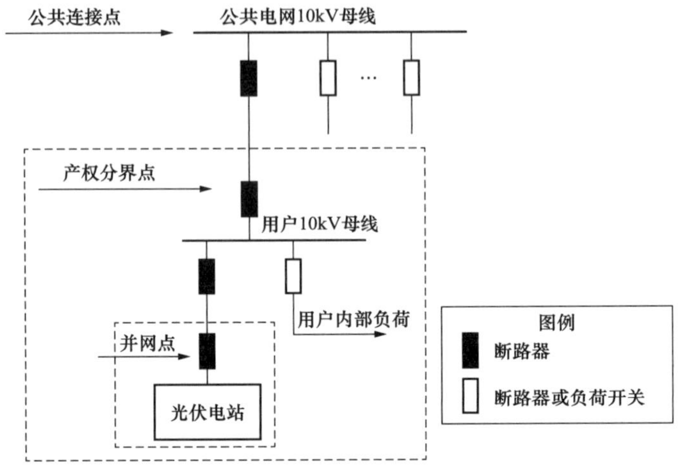

图 6－4　10kV 接入用户内部电网方案一

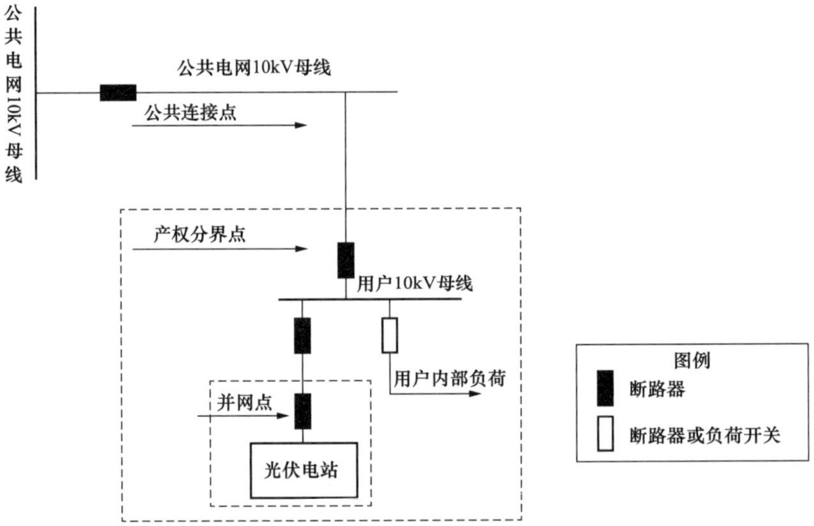

图 6－5　10kV 接入用户内部电网方案二

（4）380V 接入公共电网。

本方案主要适用于接入公共电网的光伏发电项目，公共连接点为公共电网配电箱或线路，单个并网点参考装机容量不大于 100kW，采用三相接入；装机容量 8kW 及以下，可采用单相接入；公共连接点为公共电网配电室或箱式变压器低压母线，单个并网点参考装机容量 20～400kW。380V 接入公共电网接线见图 6－6 和图 6－7。

（5）380V 接入用户内部电网。

本方案主要适用于 380V 接入用户内部电网、自发自用/余量上网的光伏发电项目，单个并网点参考装机容量不大于 400kW，采用三相接入，装机容量 8kW 及以下，可采用单相接入。根据用户接入电压等级的不同，以 380V 接入用户内部电网的方式可分为两个方案。380V 接入用户内部电网接线示意见图 6－8 和图 6－9。

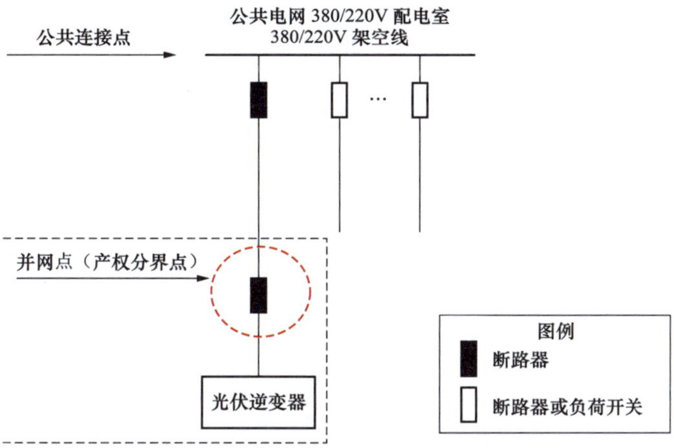

图 6－6　380V 接入公共配电箱或线路

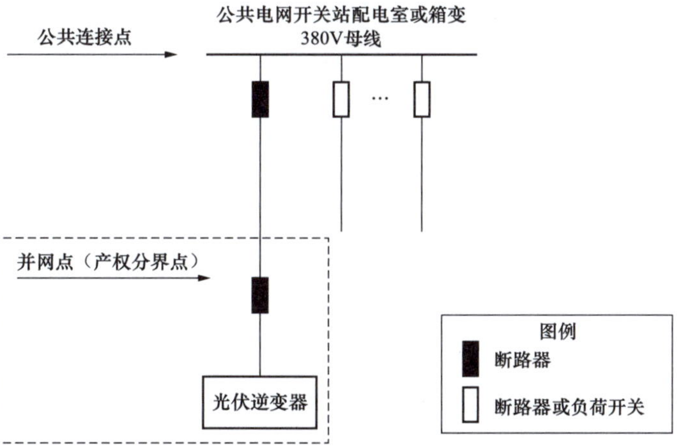

图 6－7　380V 接入公共配电箱母线

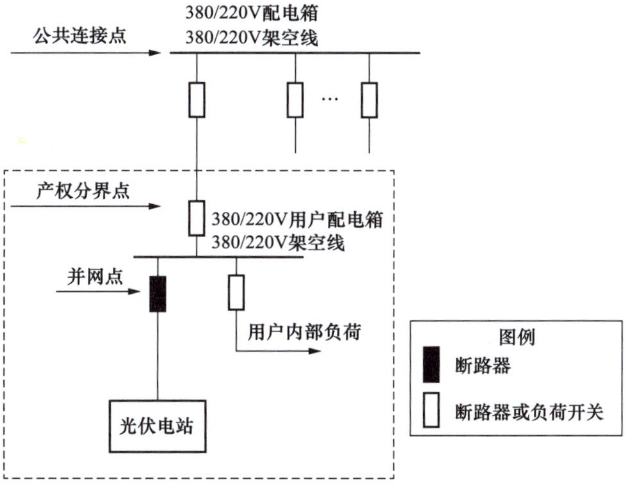

图 6－8　380V 接入用户配电箱或线路

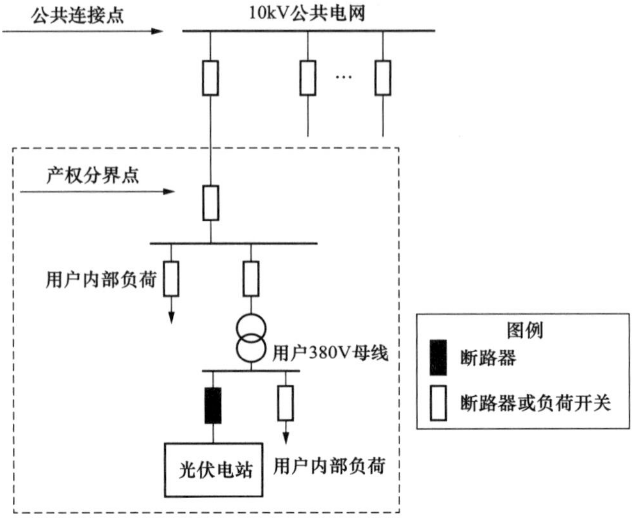

图 6-9　380V 接入用户内部配电室或箱式变压器低压母线

7　电动汽车充电设施接入

7.1　充电设施概述

7.1.1　基本要求

按照《电动汽车充电基础设施发展指南（2015—2020 年）》，浙江省属于加快发展电动汽车充电基础设施的地区。在新能源汽车推广应用城市，公共充电桩与电动汽车比例不低于 1∶7，城市核心区公共充电服务半径小于 0.9km；其他城市公共充电桩与电动汽车比例力争达到 1∶12，城市核心区公共充电服务半径力争小于 2km。

公交车充电桩与公交电动汽车比例不低于 1∶3；每 2000 辆电动汽车配置一座不少于 4 个直流快充桩的公共充电站。充电站结合交通枢纽、文体设施、城市绿地、公共停车场、大型建筑配建停车场、路边停车位等公共停车场所建设。

7.1.2　配置原则

各类场所充电设施配置原则如表 7-1 所示。

表 7-1　各类场所充电设施配置原则

场地类型		配建需求和原则
住宅小区	新建小区	新建住宅充电泊位应按照总停车位的 100%建设或者预留充电设施建设安装条件，新建居民区停车位配套供电设施建设应与主体建筑同步设计、同步施工。支持建设占地少、成本低、见效快的机械式与立体式停车充电一体化设施。鼓励探索智能充电管理模式
	老旧小区	对停车难小区，近期结合路内临时停车泊位和公共停车场建设分时共享充电车位；远期结合老旧小区改造、周边地区开发、机械式和立体式停车设施建设，在新增停车泊位建设安装充电设施。对于停车位紧张的老旧小区，允许利用和改造居住区、停车场附近城市支路上的照明设施建设充电设施。老旧小区改建按不低于总停车位的 10%配建或预留充电设施接口，交直流充电桩桩数比 5∶1
大型公建		新建办公楼、商场、酒店等大型公共建筑类项目和城市社会公共停车场，建设基础充电设施或预留建设安装条件的车位比例不低于 10%
公交枢纽站、停保场、首末站		新建公交枢纽站、停保场、首末站，应根据电动公交车推广任务，配建一定数量的公交充电桩。对于存量站，应根据电动公交车推广任务，选取占地面积较大、服务功能较强的场站设施，配建一定数量公交充电桩

续表

场地类型	配建需求和原则
出租车充换电站	考虑充电桩建设及电动汽车示范和推广功能，兼顾行业推广、示范、技术培训、检修、充电桩管理调度中心等服务
公共充电站	结合公共停车场，大型商场、公建、办公场所等配建公共充电站。每2000辆电动车配置一座不少于4个直流快充桩的充电站
加油加气站	在新建加油加气站预留充电设施发展用地，合理配建社会公共快充设施；其他加油加气站酌情配置。充电设施须设在加油加气站的辅助服务区域内，须满足消防安全要求；以直流为主，可根据实际需求兼顾换电
高速服务区	每个高速服务区配套建设一座不少于4个直流快充桩的城际快充站，未来结合场地条件和充电需求逐步增加配建数量
企事业单位自有场地	鼓励各企事业单位利用自有场地建设充电设施

7.1.3 充电模式

现阶段电动汽车充电模式主要分为整车充电和换电两种类型，整车充电根据充电时长的不同又可进一步分为慢充和快充两类。

整车慢充一般为交流充电，电动汽车通过传导线，将车载交流充电机与外部交流充电桩相连接，从而进行能量补给。由于车载充电机体积、重量和成本等限制，其额定电流及功率较小，交流电流一般为16A和32A，常见功率为3.3kW和7kW。完整充电时长需5～8h。

整车快充一般为直流充电，置于车身之外的充电机可直接为电动汽车内部的动力电池提供150～400A之间的大电流直流电，将荷电状态（SOC）充至80%所需时间约为30min。

换电模式通过直接为电动汽车更换动力电池来补充电能，需要专门的操作人员和机械设备对电池进行更换、充电和维护，换电时间一般为5～10min。

不同充电模式的区别主要包括两方面：一方面是充电模式本身的特点不同，主要体现在充电时间与对电池、电网的影响，另一方面则是各自对应的充电设施建设和运营的区别。表7-2所示为不同充电模式优缺点对比。

表7-2　　不同充电模式优缺点对比

充电模式	优　点	缺　点
整车慢充	1）充电功率低，设备成本小； 2）可利用谷电充电或有序充电，充电成本低； 3）可延长电池寿命	充电时间过长
整车快充	充电时间短，效率高	1）大充电电流影响电池寿命，冲击电网； 2）充电设施成本较高； 3）集中型快充站在城市征地难； 4）有序充电控制裕度较低

续表

充电模式	优　点	缺　点
换电	1）动力电池与汽车分离，降低购车成本； 2）车辆使用效率及用户便利性高； 3）便于负荷调控、V2G 应用； 4）便于电池维护，有利于提高电池寿命	1）电池与电动乘用车难以标准化； 2）不适应电动汽车多元需求； 3）换电站初期投资大，风险成本高

从以上对比分析可以看出，换电模式虽然方便快捷，但是电池及车辆标准难以统一，考虑到需求的多样性，并未得到市场和产业的广泛认可，但是换电模式在用于矿场、港口、城市转运等短途、高频、重载场景方面逐渐展现出更好的技术优势。对于整车充电，考虑电池安全及寿命、对电网的友好度和有序充电利用的充裕性，应优先推广分散慢充作为主要的充电模式。同时根据不同的充电设施分类及服务对象，按照智能有序慢充为主、应急快充为辅的居民区充电服务模式和快充为主、慢充为辅的高速公路和城乡公共充电网络，积极探索出租、网约和物流运输等领域的共享换电模式。

7.1.4　技术特点

从充电设备的类型上来看，交流充电桩和直流充电桩是现阶段市场中最主要的两种类型，交直流一体桩应用规模较小，无线充电尚未形成产业化规模。充电桩主要技术特点如表 7－3 所示。

表 7－3　　交流、直流充电桩技术特点对比

项　目	交流充电桩	直流充电桩
分类	入地式、挂壁式、移动式	一体式、分体式、移动式
充电接口数	一机一充、一机双充	
适用场景	家用、公用停车场、购物中心等	公交、运营车、高速、公共停车场等
充电方式	需要车载充电机	直接对动力电池充电
输入电压	220V	380V
输出电压	220V	200～700V
充电功率	7kW、14kW	30～120kW
充电时间	4～8h	20～150min

7.2　充电设施接入原则

7.2.1　接入电压

充换电设施的供电电压等级，应根据充电设备及辅助设备总容量，综合考虑需用系数、同时系数等因素，经过经济技术比较后确定，如表 7－4 所示。

表 7-4　充换电设施宜采用的供电电压等级

供电电压等级	充电设备及辅助设备总容量	受电变压器总容量
220V	10kW 及以下单相设备	—
380V	100kW 及以下	50kVA 及以下
10kV	—	50kVA～10MVA
20kV	—	50kVA～20MVA
35kV	—	5～40MVA
110kV	—	20～100MVA

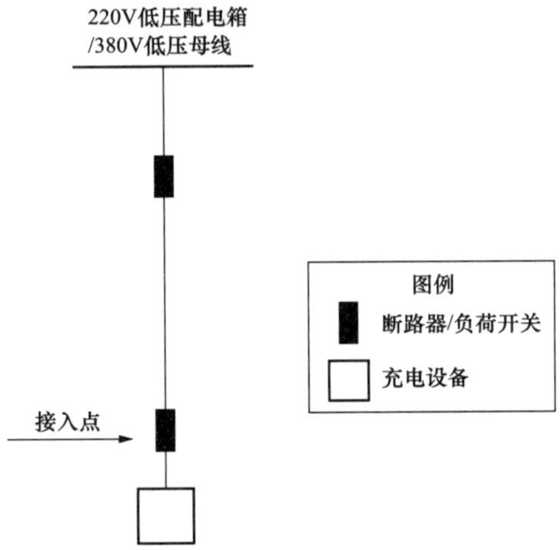

图 7-1　充换电设施 220V/380V 接入示意图

7.2.2　接入点

（1）220V 供电的充电设备，宜接入低压公用配电箱，380V 供电的充电设备，宜通过专线接入低压配电室。

（2）接入 10kV 电网的充换电设施，容量小于 4000kVA 宜接入公用电网 10kV 线路或接入环网柜、电缆分支箱、开关站等，容量大于 4000kVA 的充换电设施宜专线接入。

（3）接入 35kV、110kV 电网的充换电设施，可接入变电站、开关站的相应母线，或 T 接至公用电网线路。

接入点示意见图 7-1～图 7-4。

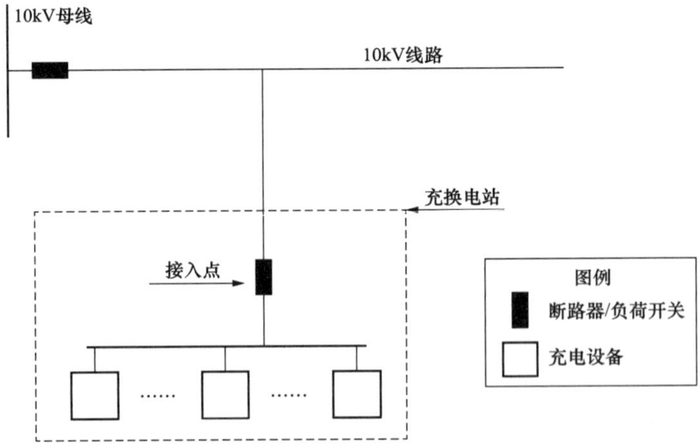

图 7-2　充电设施 10kV 单回路接入 10kV 线路

7.2.3　设备选型

（1）充电设施接入配变、线路等设备的选择总体应满足 GB 50054 的有关要求。

（2）充电设施配变宜选用干式低损耗节能变压器，220kV 单相接入的充电设施，变压器宜用 Dyn 接线方式。

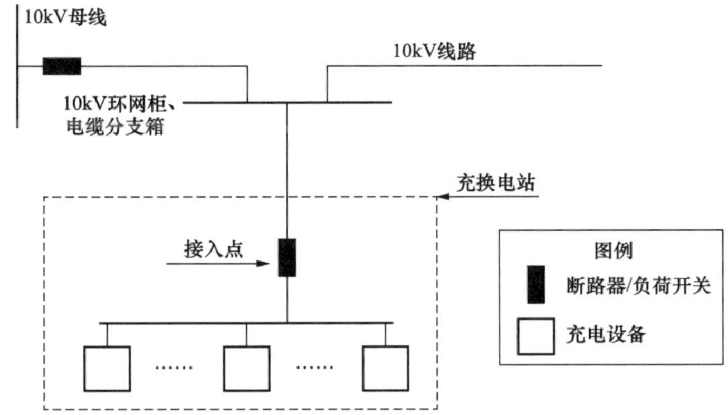

图 7-3　充电设施 10kV 单回路接入 10kV 环网柜、电缆分支箱

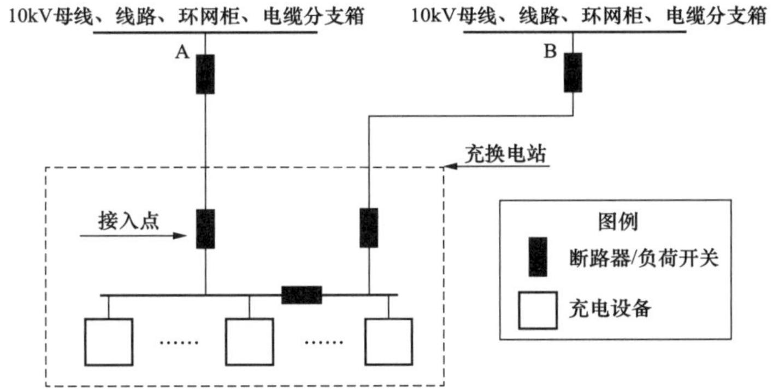

图 7-4　充换电设施 10kV 双回路接入示意图

(3) 接入线路应具有较强适应性，导线截面宜根据充电设施最终规划容量一次选定，按照经济电流密度选择，并按长期允许发热和机械强度条件进行校核。

7.2.4　采集装置配置

(1) 计量。

1) 充电设施应明确电量计量点，原则上设在产权分界点，电能计量设备配置和技术要求应符合 DL/T 448 的相关要求。

2) 计量装置分类类别参照 DL/T 448 的相关规定，其中Ⅰ类、Ⅱ类、Ⅲ类分类可按充电设施容量或月均用电量确定，详见表 7-5。

表 7-5　　计量装置分类

充电设施容量（kVA）	充电设施月平均用电量（kWh）	计量装置分类
单相设备	—	Ⅴ类
315 以下	—	Ⅳ类
315 及以上	10 万及以上	Ⅲ类
2000 及以上	100 万及以上	Ⅱ类
10000 及以上	500 万及以上	Ⅰ类

(2) 保护。

1) 充电设施采用 220/380V 电压接入时，配电线路应装设短路保护和过负荷保护。

2) 充电设施采用 10kV 电压接入时，保护装置应满足 GB/T 14285 的相关技术要求。

7.3 老旧小区解决方案

老旧小区空间资源紧缺，充电设施安装难度较大，但随着政策推广和社会发展趋势，私人电动汽车充电桩需求急剧增加，鉴于此，针对小区空间受限、配电容量受限等问题，给出建议改造方案。

7.3.1 空间受限场景

充电桩的安装位置应靠近变配电室，减少低压电缆敷设长度；安装时利用空间集中布置，便于接线供电、监管维护以及消防防范；优先选择挂墙安装，其次选择落地安装，不论哪种安装方式均应减少其他车辆的通行的影响。

小区充电桩优先采用直流双枪充电桩（对不满足接入条件的小区也可采用直流单枪充电桩），交直流配比宜根据小区具体情况满足住户需求为宜。

7.3.2 容量受限场景

鉴于老旧小区并未在停车位附近预设满足大功率充电的电路条件，整体基础条件难以进行设备安装，应首先进行充电负荷估算，对小区配电系统进行整体扩容。

电动汽车规模化发展后，存量电网需考虑针对性扩容，对于小区的电力设施改造问题，电动汽车渗透率按照近期 5%、中期 10%、远期 15%考虑，对其户均配变容量建议见表 7－6，适时安排配变增容改造计划。

表 7－6　户均配变容量配置表　单位：kVA

小区类型	渗透率 5%	渗透率 10%	渗透率 15%
多高层	4.0	5.2	7.8
别墅小区	5.7	10.3	15.5

满足下列条件之一时，建议小区采用专用变压器供电：

(1) 当充电设施总的安装容量在 250kW 及以上时，建议采用专用变压器配电；

(2) 安装充电设施时，如果小区配变实际运行的年最大负载率超过 70%，建议充电设施采用专用变压器供电，专变就近接入 10kV 线路。

(3) 对于 10kV 线路接入专变困难的小区（现状 10kV 线路接入容量受限、配变接入通道受限），新出 10kV 专线，将老旧小区专变集中接入 10kV 专线。

满足下列条件时，建议采用小区公用变压器供电：

(4) 当充电设施总容量在 250kW 以下，建议由小区公变 220V 电源供电。

(5) 安装充电设施时，如果小区公变实际运行的年最大负载率低于 30%，建议充电设施采用小区公变供电。

7.3.3 优化方案

基于老旧小区充电桩建设受限场景，研究提出模块化、集约化、小型化、移动式、阶梯利用等充电设施设计、布局、服务方案，如表7-7所示。

表7-7 老旧小区充电优化方案

分类	研究路径	主要做法
建设模式	路灯充电插座	将充电装置整合进街道灯柱，使用普通电缆连接电动汽车与插座，通过智能手机扫描灯柱上充电码以进行充电和付款
	预装式一体化充电站	整合快速充电桩和箱式变电站，实现即插即用。在紧凑型箱式变电站上配置直流桩，通过电缆等设备的预置，减少施工和调试
	立体车库充电站	将立体车库与充电系统融为一体，形成升降横移式立体充电站，在停车设施的载车板上设计充电插座及充电电缆连接装置
	静态无线充电	通过磁场在线圈之间传输。通过发射线圈的交流电产生震荡磁场，磁场通过接收线圈感应产生交流电充电
负荷控制	有功充电负荷控制	对含有光伏、电动汽车和储能的小区进行负荷管理，根据光伏出力、设备负载率动态调节对充电功率，确保设备不过载
	充电桩无功控制	整合无功双向响应能力的一体化充电桩应用，在不影响有功充电的同时充分利用剩余无功容量，节省电能治理装置的投资和占地
商业模式	区块链共享共建	私人充电桩接入区块链平台，实现资源共享
	区域智慧充电	将无线通信、移动终端、GPS定位、GIS等综合应用于小区充电车位的采集、管理、查询与导航，实现充电车位资源利用率的最大化
	代客充电	基于待充电的车辆位置，以最短服务时长为原则，对附近的充电资源进行调配，为用户车辆提供充电服务，再将车辆交还至取车位置或用户指定位置

8 储能配置及接入

储能系统是电力系统进行自我调节、自我平衡的重要手段之一，对于电网运行安全、用户用电安全、新型电力系统的构建具有十分重要的意义。

8.1 储能概述

8.1.1 储能分类

(1) 按储能介质分类。

根据储存介质的不同，可以将储能分为五大类，分别为电化学储能、机械类储能、电磁储能、热储能和化学类储能。

1) 电化学储能将能量储存在溶解于的电解质中，主要包括各种二次电池，有铅酸电池、锂离子电池、钠硫电池和液流电池等。电化学储能是一种十分高效的能源存储形式，且具备优良的可控性。

2) 机械类储能将能源以机械能的形式存储于物理介质中，常见的有抽水蓄能、压缩空气储能和飞轮储能。

3) 电磁储能将能量以电磁能量的方式存储与介质中，主要包括超导储能、超级电容器储能。超导储能将能量以超导线圈中循环流动的直流电流方式储存在磁场中。

4) 热储能是指在一个热储能系统中，热能被储存在隔热容器的媒质中，以后需要时可以被转化回电能，也可直接利用而不再转化回电能。常见的热储能形式为冰蓄冷、地源热泵。

5) 化学类储能主要利用氢或合成天然气作为二次能源的载体。该系统利用负荷低谷期多余电制氢，通过电解水，将水分解为氢气和氧气，从而获得氢。以后可直接用氢作为能量的载体，再将氢与二氧化碳反应成为合成天然气（甲烷），以合成天然气作为另一种二次能量载体。

(2) 按储能应用分类。

根据并网点的不同，可以将储能分为三大类，分别为电源侧储能、电网测储能和用户侧储能。

1) 电源侧储能是指在电源并网点之前配置的储能系统，用来保证新电源发电的稳定性和连续性，一般由发电企业投资建设。

2）电网侧储能是指在电网公共连接点建设的储能系统，可用来保证电网向用户的持续供电能力，减少电网固定资产投资，或用于削峰填谷，一般由电网企业投资建设。

3）用户侧储能是指在用户电表之前配置的储能系统，可作为备用电源用来保证用户的供电可靠性和供电质量，也可作为虚拟电厂通过峰谷套利的方式获取一定的收益，一般由用户投资建设。

（3）按接入形式分类。

根据储存接入形式的不同，可以将储能分为三大类，分别为集中式储能、分布式储能和移动式储能。

1）集中式储能是指将多种储能元件及其配套装置集中布置，一般通过同一个并网点接入电网的储能系统。

2）分布式储能是指在用户所在场地或附近分散建设及运行，通过存储介质进行可循环电能存储、转换及释放的设备系统，并网点一般位于用户表之后。

3）移动式储能是指将储能元件及其配套装置布置于可移动设备上的储能系统，具有移动灵活、安装方便、即插即用等多种优良特性，广泛用于应急电源、故障抢修等场景。

8.1.2 功能分析

（1）调峰调频。

电力系统为保证电力生产与消耗的动态平衡，必须具备一定的调峰能力。电力系统为保证系统频率稳定，必须具备一定的调频能力。

调峰是指为缓解负荷低谷时段发电机组负荷率低于规定范围或者负荷高峰时段发电正备用资源不足等情况，第三方独立主体接受调度指令，通过调整自身用电行为完成增加或减少用电负荷所提供的服务，分为填谷调峰和削峰调峰。

储能填谷调峰时段原则上为1：00～6：00、11：00～13：00。调度机构可以根据浙江省的负荷特性、电力电量平衡预测及新能源出力特性进行调整。削峰调峰时段根据日前电力电量平衡预测，由调度机构在日前确定。

调频包括一次调频和二次调频（自动负荷控制）。一次调频是指电力系统频率偏离目标频率时，第三方独立主体通过自动控制装置，调整有功出力减少频率偏差所提供的服务；二次调频是指第三方独立主体跟踪电力调度指令，按照一定调节速率实时调整用电功率，以满足电力系统频率和联络线功率控制要求的服务。

（2）清洁能源消纳。

随着“碳达峰、碳中和”的推进，新能源迎来迅猛发展的黄金时期。但往往清洁能源丰富的地区电网消纳能力不足，或存在送出瓶颈。为了避免出现弃风、弃光等情况，可通过各种储能的方式实现电力存储，从而最大限度地利用可再生资源，保障清洁能源消纳。

（3）应急电源。

各种储能系统尤其是电化学储能系统，因其具备可靠的充放电转换特性、毫秒级的响应速度、较高的容量等特点，已发展为应急电源的重要组成部分。

用户侧储能系统可以在电网供电不足或电网侧故障时，保证用户各类设备的正常运转，尤其对企业的保安电源起到十分重要的支撑。移动储能系统将蓄电池组、电池管理系统及储能双向变流器等部件集成在集装箱或可移动车辆中，具有便于施工安装、维护简单方便、可移动性好等特点，广泛适用于各类保供电、抢修、带电作业等业务。

8.2 容量配置原则

储能的总体配置原则为电源侧推进“光伏＋储能”发电方式，电网侧配置重要线路储能，负荷侧配置分布式用户侧储能，在运行侧配置移动储能应急电源。

8.2.1 电网侧

电网侧储能电站的主要作用是平抑功率波动、负荷削峰填谷、系统功率支撑等。

（1）配置场景。

电网建设成本高、负荷尖峰显著和重要用户较多的区域。

（2）配置原则。

1）变电站按照削减最大负荷至65％以下所需功率确定，时间1～2h；线路按照满足“$N-1$”的负载率确定。

2）重要用户按照用户二级以上重要负荷大小配置，放电时间为2h。

8.2.2 电源侧

配置于常规电源侧的电化学储能，有利于提升常规电源机组的调节性能和运行灵活性，其容量配置宜从满足机组最小技术出力和机组调节速度的角度考虑。配置于新能源发电侧的电化学储能，可实现新能源的平滑出力，提高风、光等资源的利用率。

（1）配置场景。

根据新能源装机容量配置储能。

（2）配置原则。

$$P_{\min}=K_1\times\text{分布式光伏装机容量} \tag{8-1}$$

其中，K_1 取值：光伏发电10％和风电20％。

整县光伏推进县域按照集中式和分布式储能相结合的方式配置，其他地区考虑以分布式储能为主。

8.2.3 用户侧

（1）配置场景。

适用于可靠性需求较高、电能质量敏感、峰谷差大和需求侧响应比例高的用户。

（2）配置原则。

1）改善供电质量的用户，可根据实际负荷规模、电能质量要求按需配置；

2）峰谷套利的用户，储能容量一般可按照最大负荷的10％左右配置，放电时间2h。

8.3 接入原则

8.3.1 基本原则

以区域调峰调频为主的储能电站，应与变电站合建或布置于变电站附近；以线路侧调峰为主的储能电站，宜布置于该线路负荷中心；以缓解电网系统“卡脖子”为主的储能电站，宜布置于受限区域。

8.3.2 接入电压

储能系统可通过三相或单相接入配电网，其容量和接入点的电压等级宜参照表 8－1 确定。

表 8－1 储能系统接入配电网电压等级

储能系统容量	并网电压等级	接入方式
8kW 及以下	220V	单相
8～400kW	380V	三相
400kW～6MW	6～10（20）kV	三相
6～40MW	35（20）kV	三相

8.3.3 接入点

储能系统接入公共电网或用户电网，接入点选择应根据其电压等级及周边电网情况确定，可参考表 8－2。

表 8－2 储能系统接入点选择推荐表

电压等级	接入点
35kV	变电站、开关站 35kV 母线
10kV	变电站、开关站、配电室、箱变、环网室（箱）的 10kV 母线；10kV 架空线路
380/220V	配电箱/线路；配电室、箱变或柱上变压器低压母线

（1）电网侧储能。

电网侧储能接网方式一般有专用线路接入变电站 10kV 母线（见图 8－1）、T 接 10kV 公用架空线路（见图 8－2）、接入 10kV 公用电缆线路的环网室（或环网箱）（见图 8－3）。

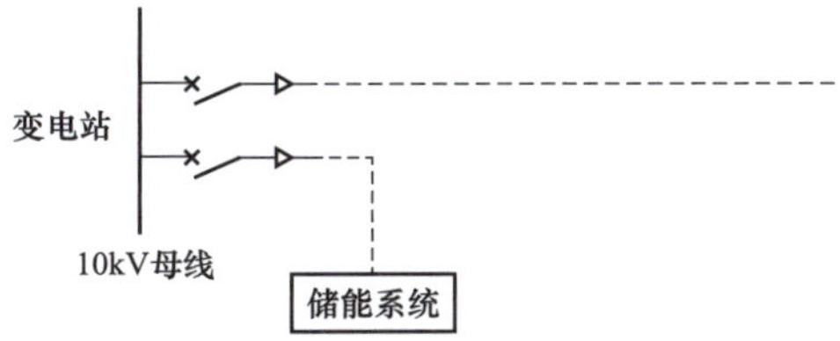

图 8－1 专用线路接入变电站 10kV 母线

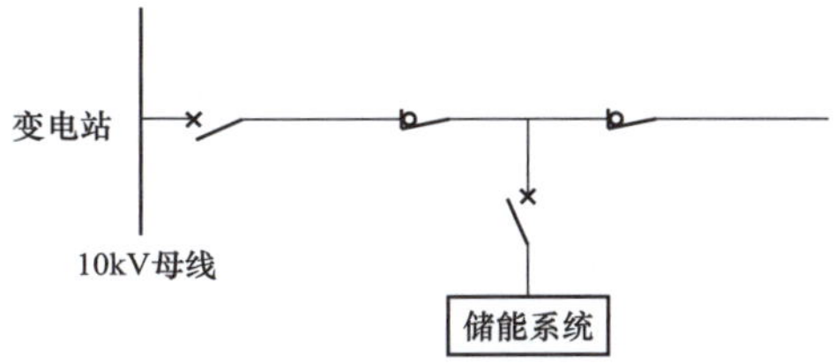

图 8－2 T 接 10kV 公用架空线路

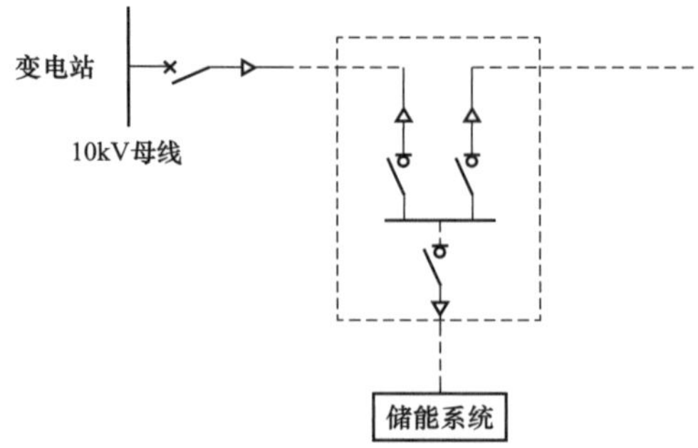

图 8-3　接入 10kV 公用电缆线路的环网室（或环网箱）

（2）电源侧储能。

为节约投资，推荐电源侧储能电站以专线形式接入升压站低压侧，见图 8-4。

（3）用户侧储能。

推荐用户侧储能以专线形式接入用户侧低压配电箱，见图 8-5。

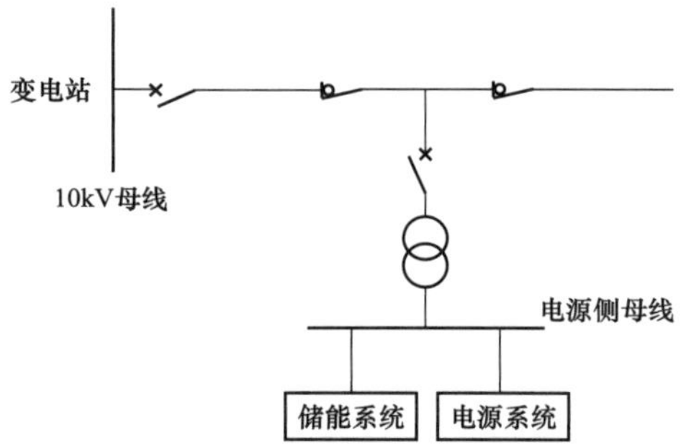

图 8-4　专线形式接入升压站低压侧

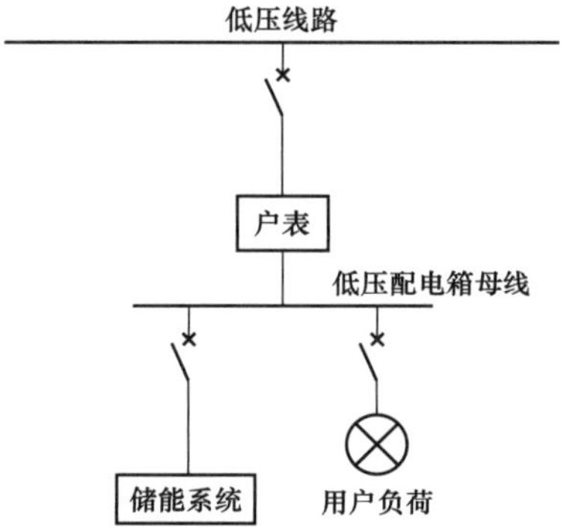

图 8-5　专线形式接入用户侧低压配电箱

8.4　布局原则

8.4.1　基本原则

储能电站因其主要用途不同，布局中需要考虑的原则也存在较大差异，一般应遵循以下原则。

（1）电网侧：以区域调峰调频为主的储能电站，应与变电站合建或布置于变电站附近，宜直接接入变电站 35kV 或 10kV 母线；以线路侧调峰为主的储能电站，宜布置于该线路沿线且位于负荷中心附近，宜参照分布式电源要求接入该线路；以缓解电网系统“卡脖子”为主的储能电站，宜布置于受限区域。

（2）电源侧：以新能源消纳为主的储能电站，其接入点应位于新能源电站并网点之前，宜与新能源电站的升压站合建或位于其附近。

（3）用户侧：以用户侧应急电源或降低用户用电成本为主的储能电站，其接入点应位于用户户表之后。

8.4.2 选址原则

储能系统站址选择应符合地区国土空间规划。储能系统应根据应用场景、需求类型、建设规模、线路走廊、周边电网情况等条件选址。

储能系统线路走廊应根据线路类型、电压等级和回路数，结合近远期统筹规划。当利用已有线路走廊时，应对敷设条件进行校验。

电化学储能系统、化学储能系统应注意与邻近设施、周围环境的相互影响和协调，必要时应取得相关协议，满足消防、噪声、电磁辐射等相关要求。

8.4.3 建设原则

储能系统应根据应用场景、需求类型、建设规模等条件确定接入电网方式和运行策略。

储能系统可建设独立储能电站，也可与常规电厂、风电场、光伏电站、变电站、配电房等合建。当采用合建方式时，宜对建筑、配电、站用电、监控、通信、火灾报警、视频等系统进行融合。

储能系统布置应综合考虑电池类型、消防安全、站址条件、建设工期、气候条件等因素，采用户内建筑物、户外预制舱等布置方式。

电化学储能系统、化学储能系统应按照“预防为主，防消结合”的原则设置消防措施，设计电池火灾专用消防装置、器材、预警系统，并与站址周边建（构）筑物的防火间距应满足相关要求。

在重要负荷保电、配电网短时过载等情况下，电化学储能系统可采用移动式储能，且移动式储能应满足 GB/T 36545 的技术要求。

8.5 共享储能

8.5.1 商业模式

为缓解日益严峻的电网调峰形势、促进新能源消纳，近几年诞生了一种全新的“共享储能”建设与商业运营模式，主要是指一个储能电站同时由电网企业和新能源企业共同使用，共同承担成本的储能建设模式。

（1）在电网侧参与电网调峰，提升电网效率。储能电站在电力谷荷时充电，高峰时段进行电池放电，提升电力供应能力，解决区域电网局部供电“卡脖子”问题，最优化电力能源配置。

（2）在电源侧开展新能源配套储能租赁服务，获取容量租赁收益。目前各级政府均出台了新能源发电的储能配套标准，新能源业主向储能运营方租赁储能容量，助力风电等新能源夜间消纳，降低新能源弃电率。

（3）参与区域电力辅助服务市场，获取服务收益。共享储能通过响应电力系统调频、调峰、调压等需求，获取服务收益，并作为当前电力需求侧响应的重要支撑。

8.5.2 容量配置

共享储能电站的配置容量应结合多方需求共同确定。共享储能电站配置容量计算式为

$$S_{\min}=\mathrm{Max}[\sum(a\times b)、2\times(c-d)、2\times\sum e] \quad (8-2)$$

$$P_{\min}=\mathrm{Max}(c-d、a\times b、e) \quad (8-3)$$

式中 $S_{\min}$——共享储能电站最小装机容量；

$P_{\min}$——共享储能电站最小峰值功率；

a——新能源业主电源装机容量；

b——储能配套系数，光伏电厂取 0.1，风电厂取 0.2；

c——并网点处区域电网最大负荷需求；

d——并网点处区域电网最大供电能力；

e——区域内重要用户负荷。

8.5.3 接入原则

共享储能电站应以电网侧储能为主要模式，且与变电站合建或位于变电站附近。目前浙江电网已形成以 220/110/10kV 为电压序列的配电网结构，考虑到储能电站的服务半径及其装机容量，建议未来形成以 110kV 变电站+共享储能电站为核心的能源供应网络。

建议共享储能电站以不超过 2 回的 10kV 专线接入 110kV 变电站 10kV 不同段母线，单回线路接入储能峰值功率不宜高于 10MW。若储能电站以 1 回 10kV 线路接入变电站 10kV 母线，为方便充分发挥储能的作用，建议优先接入 110kV 变电站 2 号主变压器下的Ⅱ段 10kV 母线，如图 8-6 所示。

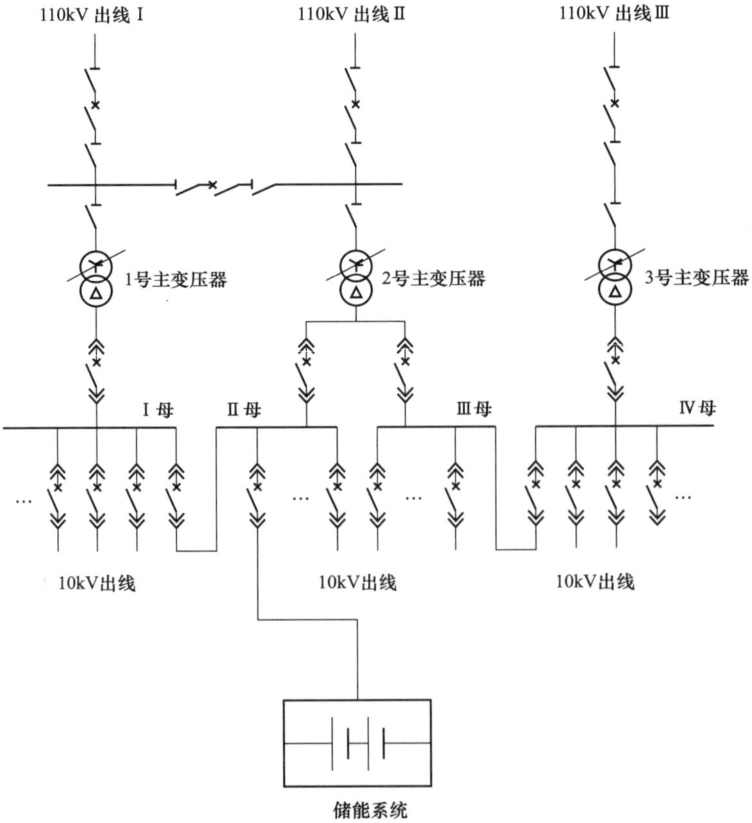

图 8-6 共享储能接入变电站母线示意图

8.6 设计原则

8.6.1 储能系统

储能系统应根据应用需求、接入电压等级、储能电站额定功率、储能电站额定容量、储能变流器性能、电化学储能类型、特性和要求及设备短路电流耐受能力进行设计。

储能系统的选型宜综合考虑应用需求、电池特性和建设条件、技术经济性等多方面因素。

储能系统容量应结合直流侧电压等级、直流侧断路器的开断容量和储能变流器的选型经技术经济比较后确定。

储能系统设备应选择节能、环保、高效、安全、可靠、少维护型设备。

8.6.2 电气部分

储能电站的电气主接线应根据储能电站的电压等级、规划容量、线路和变压器连接元件总数、储能单元设备特点等条件确定，并应满足供电可靠、运行灵活、操作检修方便、投资节约和便于过渡或扩建等要求。

根据系统及电站对主接线可靠性及运行方式的不同要求，储能电站高压侧可采用单母线、单母线分段、线路变压器组、桥型等简单接线形式。当储能电站经双回路接入系统时，宜采用单母线分段接线，主接线建议如下：

（1）小型储能电站（小于 5MW）宜采用线变组或单母线接线；

（2）中型储能电站（5～100MW）宜采用单母线或单母线分段接线；

（3）大型储能电站（大于 100MW）宜采用单母线分段接线。

升压站 110kV 及以上配电装置型式选择应根据地理位置确定。在沿海、占地面积受限及周边环境要求高的地区宜采用户内配电装置。

10～35kV 配电装置宜采用成套式高压开关柜配置型式，对土地使用条件受限的地区或现场施工工期较短的项目，可采用预装式变电站。预装式变电站的选择应符合 GB 17467《高压/低压预装式变电站》的规定。

8.6.3 消防部分

消防设计应贯彻“预防为主，防消结合”的方针，预防和减少火灾危害，保障人身和财产安全。消防设计可根据电站的不同规模、各类电池不同特性采取相应的消防措施，从全局出发，统筹兼顾，做到安全适用、技术先进、经济合理。

储能电站应设置消防给水系统，同一时间内的火灾次数应按一次设计。储能电站的建筑消防给水设计应符合 GB 50016《建筑设计防火规范》和 GB 50974《消防给水及消火栓系统技术规范》的有关规定。

储能电站消防给水量应按火灾时最大一次室内和室外消防用水量之和计算。消防水池有效容积应满足最大一次用水量。

电化学储能系统中的锂离子电池厂房火灾危险性类别为乙类，铅酸电池（铅炭电池）厂房、液流电池厂房火灾危险性类别为丁类，耐火等级不应低于二级；储能电站内除电池厂房以外的配电建筑及辅助生产建筑火灾危险性类别及耐火等级应符合 GB 50229《火力发电厂与变电站设计防火标准》的相关规定。表 8－3 所示为储能电站内建、构筑物及设备的防火间距控制表。

表 8－3　　储能电站内建、构筑物及设备的防火间距控制表

建、构筑物名称			丙、丁、戊类生产建筑			屋外电池集装箱		屋外配电装置		变压器			事故油池	生活建筑		
			单、多层		高层	铅酸（铅炭）电池、液流电池	锂离子电池	每组断路器油量（t）		单台设备油量（t）				单、多层		高层
			一、二级	三级	一、二级			<1	≥1	<10t	10t～50t	>50t		一、二级	三级	二级
铅酸（铅炭）电池厂房、液流电池厂房	单、多层	一、二级	10	12	13	10	20	—	10	10	10	10	5	10	12	13
	高层	一、二级	13	15	13	10	20	—	10	10	10	10	5	13	15	13
锂离子电池厂房	单、多层	一、二级	10	12	13	25	25	10	10	25	25	25	10	25	25	50
	高层	一、二级	13	15	13	25	25	10	10	25	25	25	10	25	25	50
屋外电池集装箱	铅酸电池（铅炭电池）、液流电池		10	10	10	—	10	5	5	10	10	10	5	15	20	15
	锂离子电池		20	25	20	10	同一分区内根据工艺布置确定，不同分区间满足 6.2.6 要求	10	10	25	25	25	5	25	30	30

8.6.4　影响分析

技术经济分析目的是评估储能规划方案技术可行性、经济合理性、安全可靠性，为规划方案优选及投资决策提供依据。

技术性分析应结合电源侧、用户侧和电网侧电化学储能的需求，从选址、定容、选型、建设、接入等多个角度评价方案的技术可行性。

储能系统经济效益分析应综合考虑投资运维成本、直接效益和间接效益，从资产全寿命周期角度进行分析。当存在多个规划方案时，应进行比选分析，在技术可行基础上，选择综合效益最优的方案。

电源侧和用户侧电化学储能经济效益分析应重点分析储能接入对电网运行和经营的影响。

9 综合能源系统规划

9.1 系统架构

综合能源系统是指在具有一定相似性的区域中，以电为核心、智能电网为基础、清洁能源为主导，采用先进的信息通信技术和电力电子技术，将电、气、热等能源网络中生产、传输、存储、消费等环节有机互联，以实现能源统筹优化配置，多能耦合互补，清洁、高效、经济、便捷的一体化智慧能源系统。

新一代综合能源电力系统不仅存在各类能源多环节复杂的时空耦合，同时还是能源系统与信息系统深入融合的产物，是一个典型的信息物理系统（CPS）。信息-物理耦合的综合能源系统发展有利于能源利用效率的提升和可再生能源的规模化开发，也有利于提高社会能源供用系统整体的安全性、经济性和设备资产利用率。

表 9-1 所示为综合能源系统的关键技术元素。

表 9-1　综合能源系统的关键技术元素

元素	技术特征
光伏发电	利用半导体材料的光伏效应将太阳能直接转化为电能的固态发电技术
风力发电	利用风力带动风车叶片旋转，再透过增速机将转速提升，实现发电机发电
生物质发电	生物质发电是利用生物质所具有的生物质能进行发电，包括农林废弃物直接燃烧发电、农林废弃物气化发电、垃圾焚烧发电、垃圾填埋气发电、沼气发电等
冷热电三联供	建立在能源梯级利用理念基础上，通过对可燃气体产生的电能、热水、高温废气的综合利用，达到“冷-热-电”联产联供的一种多能协调集成互补的综合能源利用系统。冷热电三联供系统可基本实现在小型局域范围内能源供给消费自平衡
热泵	一种将低位热源的热能转移到高位热源的装置，先从自然界的空气、水或土壤中获取低品位热能，经过电力做功，然后再向人们提供可被利用的高品位热能
冰蓄冷空调系统	冰蓄冷将水制成冰，再利用冰的相变潜热进行冷量的储存。冰蓄冷空调利用夜间低谷电制冰储存，白天融冰将所储存冷量释放出来，以减少电网高峰时段空调用电负荷及空调系统容量
电锅炉	以电力为能源并将其转化成为热能，经过锅炉转换，向外输出具有一定热能的蒸汽、高温水或有机热载体。结构上易于叠加组合，控制灵活，安全系数更高，维修更换方便
燃气锅炉	分为天然气锅炉、城市煤气锅炉、焦炉煤气锅炉、液化石油气锅炉和沼气锅炉等
能量路由器	传输智能管理系统的调控指令，实现能源的高效传输、低损耗转换、高度能量自由路由等

续表

元素	技术特征
直流电网	直流电网将是综合能源系统中骨干网架以及配用电和微电网的核心，是实现能量高效率、低成本传输的关键
储能	储能技术可以有效地实现综合能源网络的需求侧管理，消除昼夜间峰谷差，平滑负荷，可以更有效地利用电力设备，降低供电成本，促进可再生能源的应用
电气转换	电气转换技术是指利用电能将水和二氧化碳转化为氢气和甲烷的过程。电气转换厂站在电力系统充当负荷的角色，在天然气网络中则具有气源的功能
电动汽车有序充电	引导电动汽车充放电行为与电网负荷、新能源形成有效互动，从而平抑综合能源电力系统的负荷波动、消纳新能源，提升电网安全经济运行水平

综合能源系统的首要特点是以“电力系统”的发展和建设为核心，以“电能”为能源消费的主要形式，通过电力来耦合和协调其他能源网络运行，起到核心枢纽作用。如图 9-1 所示，综合能源系统从物理结构上分为四个部分：

（1）多能源供给，由外部配电系统和园区风电机组提供电能，由外部提供天然气；

（2）多能流耦合，实现能源形式的转化，包括电转气设备、冷热电联产机组、燃气锅炉等；

（3）多元储能，包括储电、储热（冷）和储气装置；

（4）多类型需求，包括电负荷、交通负荷（电动汽车）、热（冷）负荷和气负荷等。

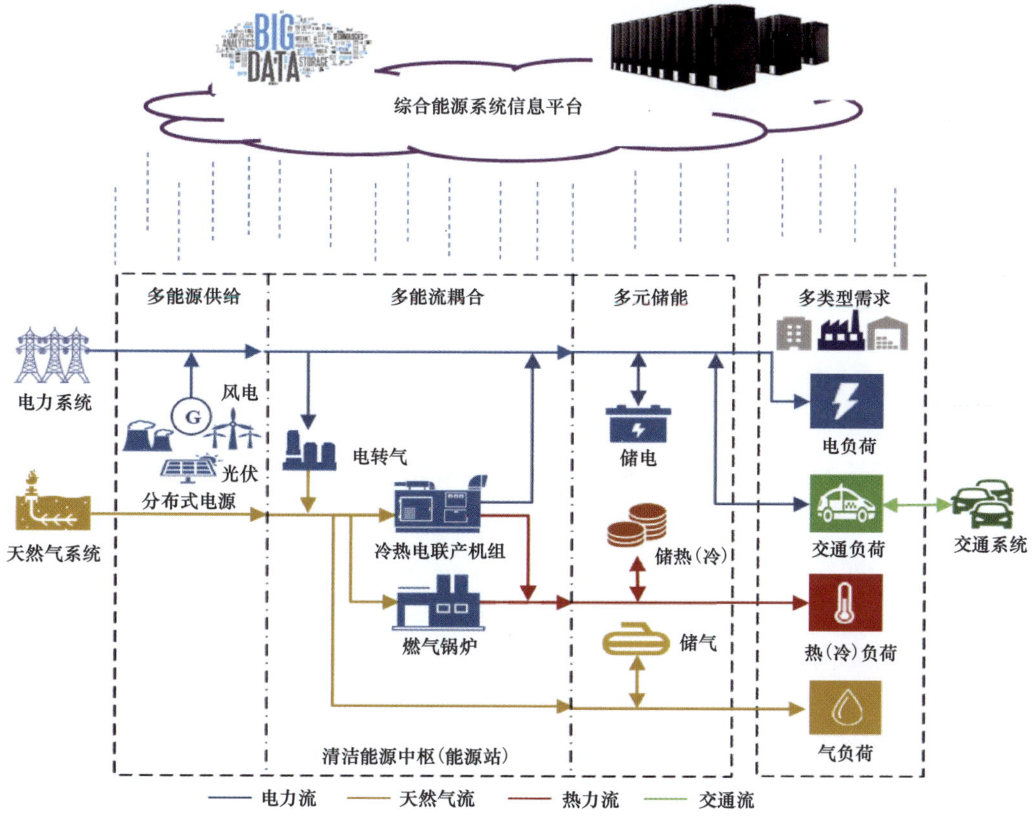

图 9-1　综合能源系统架构

9.2 建设模式

多能耦合方式是综合能源系统建设模式的核心，能源耦合方式选择应统筹考虑区域的能源资源禀赋、用能需求和特性、国家政策法规以及气价、电价等因素，针对性地选取适合的组合方式并进行经济、技术方案比选，需要通过科学的流程反复优化和校核。不同的典型场景推荐的组合方式见表 9-2。

表 9-2　综合能源系统的典型建设模式

能源供需特征	典型场景	推荐多能耦合方式
高强度冷热需求且昼夜波动大	商业综合体、CBD、文化娱乐场所	供冷：离心制冷机系统+冰蓄冷系统； 供热：燃气锅炉+电锅炉+电蓄热系统
复杂多样的冷热电气需求	医院	冷热电三联供+电制冷机组+污水源热泵
	院校	冷热电三联供系统+电锅炉
满足生产为主的冷热需求	工业园区	燃气冷热电三联供系统+离心制冷机系统； 燃气冷热电三联供系统+电锅炉
	大型数据中心	余热回收热泵+电蓄热+空气能热泵
具有丰富的能源资源	旅游景区、农业园区	光伏发电、地源热泵、冰蓄冷空调、蓄热式电锅炉系统、太阳能热水系统等
	海岛	风光柴储海流能多能互补、交直流混合（可离网运行）、海水淡化系统、必要时考虑建设冷热电联供的能源站

由表 9-2 可见，从能耗规模和多能耦合潜力角度，海岛、数据中心、大型公共楼宇以及产业园区作是推动综合能源系统规模化应用的突破口，通过园区冷热电三联供、集中蓄冷/蓄热区域能源站、数据中心低品位余热回收利用、海岛多能互补微电网等典型场景，打造可复制、可推广的能效提升案例，发挥积极示范作用。

9.3 规划流程

综合能源系统的规划，主要是通过系统性的规划方法对能源生产、传输与分配（供能网络）、转换、存储、消费等环节进行有机协调与优化，一般流程参考如下。

（1）开展多能源需求预测。

根据区域能源规划、发展规划以及开发及招商引资计划等，结合所在区域用户用能习惯分析，按照不同发展阶段预测区域产业和居民电、热、冷、气等多元能源需求，亦包括电动汽车充电需求等。

（2）开展能源供应方式分析。

分析区域能源资源禀赋和气象气候条件，调研可用热源、气源情况及规划，梳理区域屋顶光伏可开发资源以及电网接入点，收集电、热、气等能源资源价格信息。

（3）研究制定综合能源整体解决方案。

结合区域特点，考虑冷热电联产、储能、风力和光伏发电、电动汽车充放电设施、热泵、电锅炉等能源互补方案，基于广义多端口能源路由模型（EnergyHub）测算不同配置方案下各类供能、储能、转化装置的配置容量，在此基础上形成能源网络敷设方案，并因地制宜考虑能源站等建设形式。

（4）方案比选、校核。

考虑气象、能源需求、能源价格等不确定性因素，构建规划场景，在各场景下分析不同方案的投资、供能费、能效、碳排放、清洁能源消纳水平指标。考虑故障等极端条件，校核不同方案的可靠性水平，最终从全寿命周期角度，决策适宜的综合能源建设方案。

此外，需充分考虑多能源耦合以及互补替代对电网规划边界的影响，开展能源互联网场景下的电网规划，其核心是开展考虑多能源对网供负荷影响分析。具体过程如下：突出电力为中心，考虑新能源、电动汽车、溴化锂制冷、电转气、热泵等多能源因素对电需求的量化影响，形成修正的网供负荷预测结果，以修正后的网供负荷为边界开展电力电量平衡与后续规划。

10 智能化及数字化规划

高弹性配电网充分利用数字技术为配电网赋能，推进电网设施和数字基础设施融合发展，提升电网全息感知能力和灵活控制能力，实现“源网荷储”全要素可观、可测、可控，加快配电网向能源互联网升级。

10.1 配电自动化

10.1.1 配电自动化概述

配电自动化系统是提高供电可靠性和运行管理水平的有效手段，能够实现对配电网的监测和控制，实时监控运行工况和故障处理，能够迅速隔离故障区段，缩小停电范围，可以加快恢复供电，支撑配电网调度运行和生产抢修指挥等业务需求，并为配电网规划设计工作提供基础数据信息。

配电自动化系统主要由配电自动化主站、配电自动化子站、配电自动化终端和通信通道等组成。配电自动化各模块的功能和应用环境如表 10 - 1 所示。

表 10 - 1　配电自动化系统应用

系统构成	配置原则	功　能	应用环境
主站	构建在标准、通用的软硬件平台上	配电网数据采集与监控等基本功能和电网拓扑分析应用等扩展功能，并具有与其他应用信息系统进行信息交互的功能，为配电网调度指挥和生产管理提供技术支撑	市本级设置主站
子站	优化系统结构层次、提高信息传输效率、便于配电通信系统组网而设置的中间层	分为通信汇集型子站和监控功能型子站。通信汇集型子站负责所辖区域内配电终端数据的汇集、处理与转发；监控功能型子站负责所辖区域内配电终端数据的处理、控制与应用	县域设置子站
终端	安装于中压配网现场的各种远方监测、控制单元的总称，分为馈线终端（FTU）、站所终端（DTU）、配变监测终端（TTU）等	将远方监测、控制终端的信息发送给配电子站或配电主站，接收配电主站控制信息进行开关或调节操作	具备通信条件的地区

续表

系统构成	配置原则	功　能	应用环境
馈线自动化	在网络结构简单、分段数较少的地区	利用重合器-分段器等就地设备实现故障定位、故障隔离、非故障区恢复供电、网络重构等功能	电缆网有效覆盖区域

配电主站应根据配电网规模和应用需求进行差异化配置，配网实时信息量在10万点以下宜建设小型主站，实时信息量在10万～50万点宜建设中型主站，实时信息量在50万点以上宜建设大型主站；小型电网规模地市可采用地区调度控制系统升级模式建设配电自动化主站，待后期电网达到一定规模后视需要建设独立主站。

10.1.2 自动化配置原则

（1）配电自动化建设应以一次网架和设备为基础，运用计算机、信息与通信等技术，实现对配电网的实时监视与运行控制，为配电管理系统提供实时数据支撑。通过快速故障处理，提高供电可靠性：通过优化运行方式，改善供电质量、提升电网运营效率和效益。

（2）配电自动化系统通过采集中低压配电网设备运行实时、准实时数据，贯通高压配电网和低压配电网的电气连接拓扑，融合配电网相关系统业务信息，支撑配电网的调度运行、故障抢修、生产指挥、设备检修、规划设计等业务的精益化管理。

（3）配电自动化规划设计应遵循经济实用、标准设计、差异区分、资源共享、同步建设的原则，并满足安全防护要求。

1）经济实用。配电自动化规划设计应根据不同类型供电区域的供电可靠性、电能质量、分布式电源消纳需求，采取差异化技术策略，避免因配电自动化建设造成电网频繁改造，注重系统功能实用性，结合配网发展有序投资，充分体现配电自动化建设应用的投资效益。

2）标准设计，配电自动化规划设计应遵循配电自动化技术标准体系，配电网一、二次设备应依据接口标准设计，配电自动化系统设计的图形、模型、流程等应遵循国标、行标、企标等相关技术标准。

3）差异区分，根据城市规模、可靠性需求、配电网目标网架等情况，合理选择不同类型供电区域的故障处理模式、主站建设规模，配电终端配置方式、通信建设模式、数据采集点及配电终端数量。

4）资源共享。配电自动化规划设计应遵循数据源端唯一、信息全局共享的原则，利用现有的网上电网、PMS3.0、电网GIS平台、营销业务系统等相关平台，通过系统间的标准化信息交互，实现配电自动化系统网络接线图、电气拓扑模型和支持电网运行的静、动态数据共享。

5）规划建设同步。配电网规划设计与建设改造应同步考虑配电自动化建设需求，配电终端、通信系统应与配电网实现同步规划、同步设计。对于新建电网，配电自动化规划区域内的一次设备选型应一步到位，避免因配电自动化实施带来的后续改造和更换。

对于已建成电网，配电自动化规划区域内不适应配电自动化要求的，应在配电网一次网架设备规划中统筹考虑。

（4）配电自动化系统应具备对接入配电网的分布式电源、储能系统及电动汽车充换电设施等的监控功能，并评估其对配电自动化故障处理检测和策略的影响。

10.1.3 智能终端配置原则

配电网智能终端应根据可靠性需求、网架结构和设备状况，合理选用终端类型。对关键性节点，如主干线联络开关、必要的分段开关，进出线较多的开关站、环网单元和配电室，宜配置“三遥”终端；对一般性节点，如分支开关、无联络的末端站室，宜配置“二遥”或“一遥”终端。配变终端宜与营销用电信息采集系统共用，通信信道宜独立建设。主要原则如下：

（1）A类以上供电区域可采用双电源供电和备自投减少因故障修复或检修造成的用户停电，直采用“三遥”终端快速隔离故障和恢复健全区域供电。

（2）对于供电可靠性要求高于本供电区域的重要用户，宜对该用户所在线路采取以上相适应的终端配置原则，并对线路其他用户加装用户分界开关。

（3）在具备保护延时级差配合条件的高故障率架空支线可配置断路器，并配备具有本地保护和重合闸功能的“二遥”终端，以实现故障支线的快速切除，同时不影响主干线其余负荷。

（4）配网智能控制应用主要为馈线自动化的形式，其分为集中式馈线自动化、智能分布式馈线自动化、就地型馈线自动化、故障监测方式4种类型，在各类区域的配置应符合Q/GDW 11184的要求。

（5）各类供电区域配电终端的配置方式如表10－2所示，其可靠性应以满足配电网规划设计导则为主要条件。

表10－2　　配电自动化终端配置方式

供电区域	主干线联络间隔终端配置	出线间隔终端配置
A（A+）	三遥	二遥或一遥
B	三遥或二遥，联络开关和特别重要的分段开关应配置三遥	二遥或一遥
C	二遥为主，如确有必要经论证后可采用少量三遥	一遥，其中对于主要分支线或重要线路可采用二遥
D	二遥	一遥

10.2 通信网

配电通信网总体配置，应满足配电自动化系统、用电信息采集系统、分布式电源、电动汽车充换电站及储能装置等源网荷储终端的远程通信通道接入需求，适配新兴业务及通信新技术发展需求。规划时应结合三个要素（业务接入点、业务流向、带宽需求）分析通信业务需求，此外还包括业务分区、实时性要求、安全可靠性等方面的要求。配电自动化业务按配电区域分别计算。

重点分析包括配电自动化、用电信息采集等主要业务需求，根据智能配用电需求，如分布式电源的接入、智能用电小区、智能家电控制等对通信业务带来的需求变化，提出相应对策。对终端通信接入网与上一级通信网的上联情况进行分析，包括网络上联方式、接入点数量、带宽等。

（1）明确公司智能配电网发展对通信的要求，结合目前终端通信接入网现状，对不同的配电区域设定差异化目标。包括各类10（20）kV配电站点（开关站、配电室、环网柜、柱上开关、公用配电变压器、网内专变变压器、电动汽车充电站、分布式能源站点、线路等）通信覆盖情况；各类0.4kV站点（工商业及居民用户表计、智能交互终端、电动汽车充电桩等站点）通信覆盖情况。

（2）在配电网规划时，应同步考虑通信网络规划，根据业务开展需要，明确通信网建设内容，包括通信通道建设、通信设备配置、建设时序与投资等。原则上电缆管沟建设时应同步敷设2回电力通信通道。

（3）应根据实施中压配电网区域的业务性能需求、技术经济效益、环境和实施难度等因素，选择适宜的通信方式（光纤、无线、载波通信等）构建终端远程通信通道。当中压配电通信网采用EPON、GPON或者工业以太网等技术组网时，应使用独立纤芯。

（4）无线通信包括无线公网和无线专网方式。无线公网宜采用专线APN/VPN网络、认证加密等接入方式，无线专网应采用国家无线电管理部门授权的无线频率进行组网，并采取双向鉴权认证、安全性激活等安全措施。

（5）对于“三遥”数据通过4G VPN网络/5G切片网络（4G与5G专网共用一个通道）上传者，应通过量子加密经无线安全接入区上传至配电自动化主站。在配电自动化主站部署量子密钥管理服务器、量子加密服务器、量子认证服务器。

10.3 全感知终端

为实现配电网智能化规划及数字化应用，全面提升配电网可靠性、自愈能力及可再生能源消纳能力，构建源网荷储协同一体、电网状态全面感知的配电网，首先对配电网中所需观测或控制的状态变量进行分析，进而确定应该配置的设备种类，明确具体配置方案。

配电网的控制过程即为在网络结构和参数给定的条件下，确定系统的控制变量，使得描述系统运行效益的某一给定的目标函数取得最优，同时满足系统的运行和安全约束。一般而言，配电网的控制要在确保系统安全稳定运行的基础上，提高配电网的经济效益，即潮流优化。为满足这一控制过程，需要具备对上述变量进行观测或控制的能力，这意味着需要在配电网源网荷储四个方面配置相应的用于观测或控制这些变量的设备。

（1）电源侧的可观测调控资源主要体现在综合能源发电的功率输出方面。通过对其功率输出的观测和调控，能灵活平衡配电网节点的供需关系，对当地负荷需求起到支撑作用。多元的发电形式使得配电网电源侧的可控制资源特性发生改变。

（2）电网侧的可观测调控资源主要体现在网架的灵活适应性，一是能够为各类灵活性电源和负荷提供传输的通道；二是能够通过灵活的转供能力实现电量的优化分配。例如电力设备的动态容量、安全过载能力，网络结构拓扑连接状态，即沿馈线上常闭分段开关状态、馈线之间常开开关状态、接触开关状态等。

（3）需求侧的可观测调控资源主要包括智能用电设备如空调、电热水器、电动汽车、智能楼宇、中央空调、电锅炉、智能车间、变频调速电机等。需求侧资源的灵活性参与使得配电网供需关系变得更为多样化，在一定程度上增强配电系统对各类扰动的适应能力。

（4）储能侧可观测调控资源主要有传统储能、电源侧抽水蓄能、大用户储能站所（蓄电池）、电化学储能、氢储能等。这些储能资源不仅可以起到削峰填谷、平滑负荷作用，也可与分布式能源结合，有效提高分布式能源的利用率，进而降低供电成本。

综合考虑配电网可靠性、自愈能力及可再生能源消纳能力提升的需求以及配电网智能化规划及数字化应用的要求，并考虑不同节点的基建水平，不同节点所需测量/控制的状态变量、所需设备以及配置方案、通信组网方式见表10-3，其中部分设备为直接测量/控制所需设备，部分设备为辅助测量/控制所用设备。

表10-3　感知终端配置原则

节点类型	状态变量	所需设备	配置方案	通信组网方式
用户	开关状态	智能电表	一户一表	红外通信/电力线载波通信/GPRS无线通信/WIFI通信
	电位状态			
应急电源/储能	功率	工作站、发电机组/储能监控设备、PMU	每一应急电源/储能各配置一套	EPON/无线专网
	开关状态			
	电位状态			
分布式电源	功率	工作站、发电机组监控设备、气象传感器、PMU	每一分布式电源各配置一套	气象传感器无线专网/中压载波，其余EPON/无线专网
	开关状态			
	电位状态			
开关站/环网柜	开关状态	DTU、FTU	见配电自动化终端配置方式	EPON/无线专网
	拓扑结构			
变压器	电位状态	TTU	每一变压器一套	EPON/无线专网
线路	开关状态	DTU、FTU	见配电自动化终端配置方式	无线专网
	拓扑结构			

10.4 数字化平台

10.4.1 传统业务系统

配电网业务系统主要包括地区级及以下电网调度控制系统、配电自动化系统、用电信息采集系统等。配电网各业务系统之间宜通过信息交互总线、企业中台，实现数据共享、流程贯通、服务交互和业务融合，满足配电网业务应用的灵活构建、快速迭代，并具备对其他业务系统的数据支撑和业务服务能力。

配电自动化系统应具备配电 SCADA、馈线自动化及分析应用等功能，是提升配电网运行管理水平的有效手段。配电自动化系统主站应遵循 DL/T 5542、DL/T 5729 相关要求，应根据各区域电网规模和应用需求进行差异化配置，合理确定主站功能模块。

电力用户用电信息采集系统应对电力用户的用电信息进行采集、处理和实时监控，具备用电信息自动采集、计量异常监测、电能质量监测、用电分析和管理、相关信息发布、分布式能源监控、负荷控制管理、智能用电设备信息交互等功能。

10.4.2 网上电网平台

网上电网是国网公司部署，基于能源互联网，图数一体、在线交互、人工智能的规划可视化应用平台；也是网上管理、图上作业、线上服务的电网发展业务新模式。按照“数据一个源、电网一张图、项目一个库、业务一条线、应用一平台”的基本原则，依托终端和信息共享实现“营配调规”等涉及电网发展的全专业数据集成，完善业务规范和作业流程。

目前“网上电网”推出的配电网在线智能的规划可视化系统，全面融汇发展各专业、各层级应用需求，持续迭代完善系统功能，丰富人工智能决策模型，构架 38 个应用场景的平台。其配电网规划管理的总体工作覆盖了大部分网上电网平台的应用场景，包括诊断分析、项目管理、计划投资等。

（1）现状收资。

“网上电网”平台的配电网规划模块已实现配电网规划收资数据自动获取。具体内容包括经济活动类数据：全社会用电量分行业情况等；设备参数类数据：变电站、主变压器、输电线路、配电变压器、配电线路的参数（容量、长度、投运时间等）；运行类数据：容载比、变电站/线路负载率等。共计提供配电网规划（大纲）现状收资部分中 90% 以上的数据。表 10-4 所示为网上电网取数范围。

表 10-4　　网上电网取数范围

序号	“十四五”大纲表现状收资部分	数据项总数	可抽取或计算项数
1	表 2-1 经济社会历史发展情况	5	5
2	表 3-1 公司供电企业数量统计表	4	4
3	表 3-2 县级供电企业有关情况	4	4
4	表 3-3 公司供电企业基本情况统计表	11	8

续表

序号	“十四五”大纲表现状收资部分	数据项总数	可抽取或计算项数
5	表 3－4（1）公司供电区域概况	8	6
6	表 3－4（2）分层分级供电区域划分明细表	14	14
7	表 3－4（3）公司配电网网格划分情况	3	3
8	表 3－5 公司并网公用电厂装机容量表	4	3
9	表 3－6 110（66）kV 电网变电站情况	15	14
10	表 3－7 110（66）kV 线路情况	5	5

（2）诊断分析。

“网上电网”利用指标体系对现状电网进行诊断分析，针对现状设备运行异常表征分类标记，主要包括重载、轻载、高损、高龄、可用性差、无可用间隔设备等。系统对规划区内的电网设备按照不同指标维度进行分析，计算设备运行情况并将结果与预设的设备异常表征对照，将具有异常运行表征的设备纳入电网问题库。针对电网供电能力、网架结构、电网设备、电能质量、负荷预测等方面存在的问题进行统一管理。根据不同地区电网发展水平，制定问题优先级排序规则。图 10－1 所示为配电网自动诊断分析。

图 10－1　配电网自动诊断分析

（3）网格管理。

自定义划分供电网格并在该网格内开展配电网规划，以网格为单元开展统计分析及规划计算。利用自定义规划区域范围边界功能，绘制某供电分区，并进一步绘制区域内的供电网格，绘制网格时可以参考高新卫星地图精准分辨网格边界。“网上电网”已实现对任意自定义区域电力数据的统计分析，因此，分区可以按网格自动统计、可视化展示设备规模、历史负荷、用户信息，如图 10－2 所示。

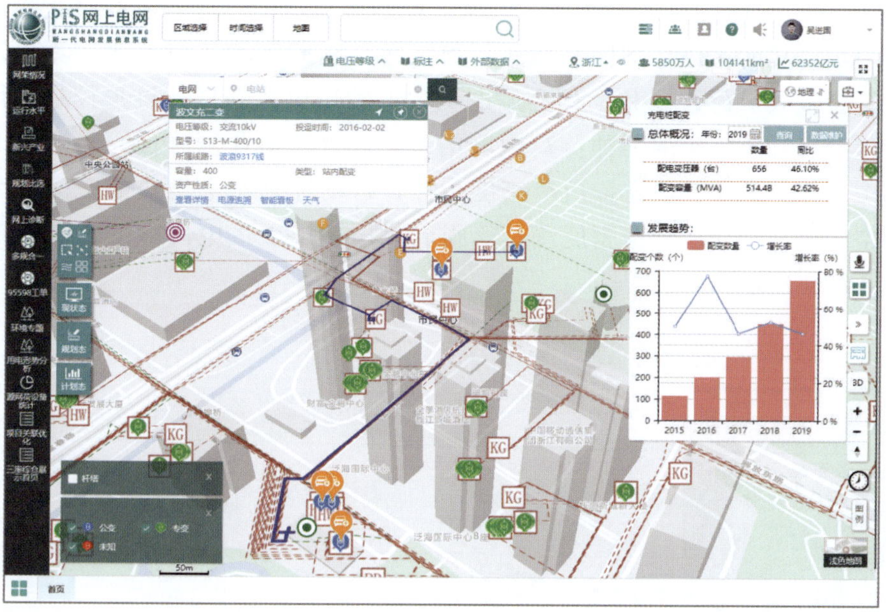

图 10－2　以网格为视角的电网数据获取分析

（4）国土空间规划信息录入，如图 10－3 所示。

“网上电网”能够直接导入符合读取标准的 cad 格式的城乡用地规划图，也可以直接在地图上绘制地块规划和路网规划，自动计算地块面积，并维护地块用地性质、地块负荷需用系数、负荷密度、同时率等地块属性，地块会根据用地性质自动着色，使规划人员能够在国土空间规划底图上高效开展电网规划。

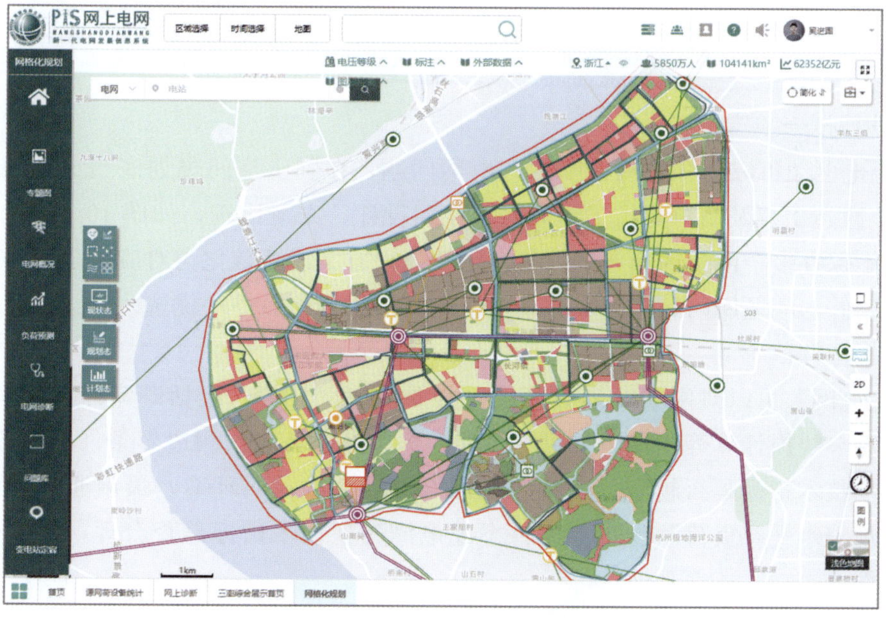

图 10－3　国土空间规划信息录入

（5）负荷预测。

“网上电网”目前可对供电网格、供电区域开展近、中、远各阶段负荷预测。其中近中期负荷预测功能通过平均增长率法、线性回归法的自动负荷预测计算，并根据某网格内全社会最大负荷数据和全社会用电量数据的历史数据进行维护校核，得到规划区域现状年至目标年逐年的两种负荷预测结果。远景负荷预测方面，通过录入的城乡用地规划图，根据地块性质选取负荷密度指标，自动计算每个地块的空间负荷预测结果，利用空间饱和经典的负荷密度法计算得到供电网格、供电区域的饱和负荷预测结果，如图 10－4 所示。

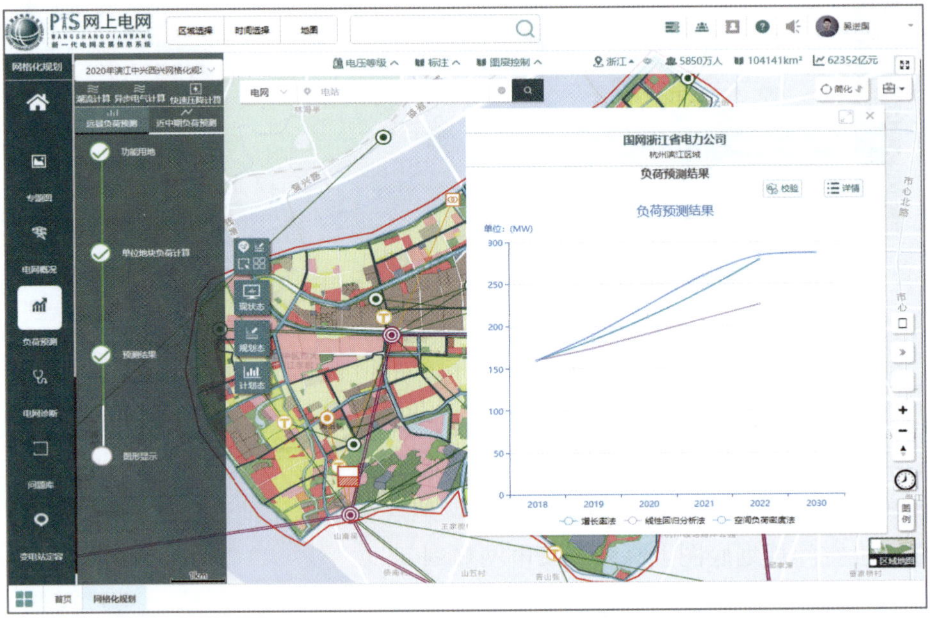

图 10－4　负荷预测功能应用

（6）规划方案编制。

“网上电网”可以结合电网诊断出的电网问题，在国土空间规划底图上开展 10（20）kV 新建、改造工程及用户业扩工程的网上规划设计、方案比选，如图 10－5 所示。系统支持分版本保存多个网架规划方案。每套网架规划方案能够转化为对应的多个 10kV 配网规划项目，并与问题库内问题形成关联关系，便于规划项目排序优选。

（7）指标评估。

“网上电网”可以对网架规划方案进行必要的电气计算，包括潮流计算、短路计算、可靠性计算、线损计算等。具体应用中，可计算在未来负荷预测边界条件下电流、电压、线损等各项技术指标是否越限，以预判规划网架潜在的薄弱环节。最后通过验证网架规划方案在规划水平年负荷预测边界条件下配电网各项技术指标是否合理，评估规划方案技术可行性。

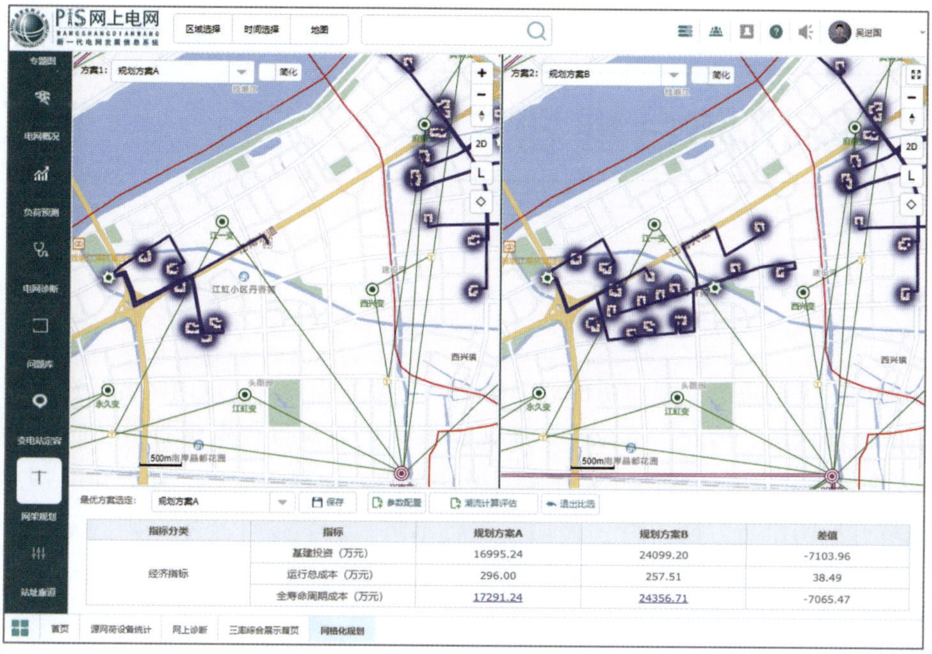
PIS网上电网
新一代电网发展信息系统
区域选择
时间选择
地图
专题图
电网概况
负荷预测
电网诊断
问题库
变电站定容
网架规划
站址廊道
方案1:
规划方案A
简化
方案2:
规划方案B
江虹小区丹香苑
西兴变
西兴镇
永久变
江虹变
500m南岸晶都花园
最优方案选定:
规划方案A
保存
参数配置
潮流计算评估
退出比选
指标分类
指标
规划方案A
规划方案B
差值
经济指标
基建投资（万元）
16995.24
24099.20
-7103.96
运行总成本（万元）
296.00
257.51
38.49
全寿命周期成本（万元）
17291.24
24356.71
-7065.47
首页
源网荷设备统计
网上诊断
三维综合展示首页
网格化规划

图 10-5 规划方案比选

11　防汛防台规划

浙江境内自宁波象山到温州南部的沿海地区，距海岸 50km 以内是台风造成输变电设备故障的高风险区域。因此，甬台温舟地区配电网规划应重点考虑打造“防灾抗灾的电网”，以安全效益双提升为导向，提升规划设计标准。规划中应以“差异化”理念，对灾害多发区域开展防汛防台能力专项评估，在防汛防台规划设计技术原则的基础上，从网架提升、廊道优化等多方面，因地制宜提升区域防汛防台能力。

11.1 规划原则

11.1.1　加强电网结构

(1) 完善高压配电网网架结构，逐步减少 110kV 电网单一电源双辐射接线方式，宜采用双侧电源进线，条件不具备时可与周边变电站的 10（20）kV 母线建立专用联络线路。B 类及以上供电区域，110kV 变电站上级电源应来自两个不同的 220kV 变电站。

(2) 加快中压线路由单辐射向适度联络、内联向外部联络转变，提高变电站、中压线路负荷灵活转供能力，增强对上级电网的支撑能力。市区、城镇中心区中压电缆网宜采用双环网、单环网，架空网宜采用多分段适度联络，其他地区中压电缆网宜采用单环网，架空网宜采用多分段适度联络。

(3) 提升配网线路联络率，构成联络的两条或多条线路宜来自不同变电站。中压架空线路可根据线路安全水平分布情况，适当增加分段数量。中压电缆线路采用双环式接线方式且两个环网采用不同通道时，可在环网室（箱）内的两段母线之间设置母联开关。全面梳理配网线路情况，排查存在单辐射、无效联络情况的线路，并建立配网线路问题清单，制定整改方案，以提高线路负荷转供能力。

(4) 特级和一级电力用户宜采用电缆线路接入电网。重要电力用户供电电源配置条件应在满足 GB/T 29328—2018 要求基础上，适当提升供电安全标准。

11.1.2　建设重要用户生命线

(1) 结合网架提升工作，以“重要电力用户供电模式”的分类为基础，根据当地灾害类型等实际情况，以供电网格为单位开展重要电力用户专项排查，全面梳理和确认重要电力用户信息。

（2）差异化提升配电网生命线建设标准，重要用户上级电源应至少追溯至两个不同的 110（35）kV 变电站，推荐采取电缆线路供电。

11.1.3 优化站址及廊道布局

（1）综合考虑廊道地形地貌、地质环境影响，结合历史信息和风险评估，路径选择时尽量避开沿海迎风面、垭口等易受台风影响微地形，避开滑坡、泥石流、易受淹等地质灾害易发地带，与大型林木或高危构筑物保持一定距离，减少大面积断线倒杆现象的发生。

（2）保证重要输电线路与一般线路之间的安全距离，防止临近线路倒塔影响重要线路安全运行。在发生超过一般线路设防标准的严重自然灾害情况下，优先保证重要输电线路、重要负荷供电线路等安全稳定运行。

（3）梳理现存线路廊道情况，对存在灾害安全隐患或已发生过灾害事故的线路廊道，建立负面清单，制定整改方案，并根据风险评估结果，逐步纳入配电网建设改造计划。

（4）优化重要变（配）电站选址，受台风影响容易发生洪水、内涝灾害的地区，对规划变（配）电站选址进行校核，优化调整电网设施布局规划。

11.2 设计原则

11.2.1 变电站设计

（1）站址地理位置选择。

变电站站址宜选择在地势较高、排水通畅的地方，优先选择经过少量填方就能够达到防汛防涝设防标准的站址或周边设有可靠防洪、防涝围护设施的站址。在有山洪及内涝影响的地区建站，宜充分利用当地就近的防洪、排涝设施。进站道路应有良好的防洪、排水措施，当有沟渠穿越道路时，应有加固措施。

（2）站址总平面布置。

沿海易受台风影响地区优先考虑建设户内站，尽量避免建设地下或半地下变电站，无法避免时应提高防汛排水标准。变电站围墙型式应根据站址位置、城市规划和防洪防涝要求等因素综合确定。站区受洪涝灾害影响较大或采用高填土提高站区场地标高方式不经济、不合理的变电站，可采用防洪围墙、钢闸门或防洪堤坝等特殊防洪设施。

（3）站址竖向布置。

110kV 及以上电压等级的变电站站区场地设计标高应高于频率为 1%的洪水水位和历史最高内涝水位；其他枢纽变电站、低洼变电站、为重要或高危用户（园区）供电的变电站，站区场地设计标高应高于频率为 2%的洪水水位和历史最高内涝水位，可在防洪标准上高一个防护等级或保留充分防洪裕度。

配电站房、箱变、环网箱、变台等配电设施应满足当地防涝用地高程的要求，在城市防洪堤内时，配电设施防涝用地高程取城市内涝防治水位；在城市防洪堤外时，配电设施防涝用地高程取当地 50 年一遇洪涝防治水位和当地历史最高洪水位两者中的较大值。

地势低洼或站区周边规划、建设不成熟、防洪防涝设施不完善的地区建设变电站，宜适当提高站区场地设计标高。配电站房、计量室（箱）须地上布置，高水位区域宜设置在地上二层，严禁把易涝区域的配电设施安装到地下室。沿海及易发生内涝地区，户内站房应建设于建筑物首层，易受台风影响地区的配电站房不应设置在地势低洼和可能积水的场所。避开低洼地带，将设备基础、台区台架抬高到当地最高涝水位以上。

（4）主要建（构）筑物。

地上户内变电站地下室、半地下室防水等级不宜低于 GB 50108 规定的二级。110kV 变电站防水等级不应低于二级，宜按一级防水设计。地面以上至首层室内标高的外围护结构宜选用防水、防腐性能优良、耐浸泡的建筑材料。易受台风影响地区，墙体、屋面和门窗应加强拒水、防渗、防漏措施。地上通风口、孔洞、窗井下沿宜高出室外地坪不小于 0.5m，当不能满足要求时，应采取防倒灌措施。

易受涝区域环网室（箱）、配电房、箱式变电站等配电设施基础高度宜提升至地平面 1.5m。变电站地下电缆沟（隧）道应防止地面水、地下水及其他管沟内的水渗入，并应防止各类水倒灌入电缆沟（隧）道内，应设有集水坑（池）并设置可自动启停的机械排水装置。

位于地下一层及以下的易涝配电站房所属的建筑物，其地下室出入口、通风口、排水管道、电缆管沟、室内电梯井、楼梯间等，应增设防止雨水倒灌的设施。地下室出入口应设置闭合挡水槛或防水闸；地下室出入口截水沟不应与地下室排水系统连通，应设置独立排水系统。易涝配电站房的门应设置挡水槛，电缆沟、电缆夹层和电缆室应采取防水和排水措施；站房内部宜设置集水坑，宜配置一主一辅的潜水泵，排水控制宜按智能控制系统设计，具备自动强制排水、异常报警功能。

受台风影响地区，重要用户、标高低于当地防涝用地高程的新建住宅小区的配电站房，以及开关站、配电室、环网室（箱）等公共网络干线节点设备，应设置在地面一层及以上且移动发电机组容易接入的位置，重要电力用户应在地面一层设置应急电源接口。

受台风影响地区，宜使用全密封、全绝缘、防洪型配电设备，箱体防护等级宜提升至 IP68 及以上。宜选用优质可靠电缆管孔封堵设备，防止积水通过管孔倒灌厂站或设备本体。易内涝区域重要配电设备宜加装水位监测监控装置。

易涝地区环网柜应采用气体绝缘柜，环网柜柜门关闭时防护等级应在 IP67 或以上，可短期浸水运行。

11.2.2 线路设计

（1）一般要求。

易受台风影响地区，宜避免将同一县级区域的主要供电线路安排在同一危险走廊内。如果无法避免，宜采用单回架设，并采取适当加强措施。应采用差异化设计，适当提高抗风、抗洪设防水平。应保证重要输电线路与一般线路之间的安全距离，防止临近线路倒塔影响重要线路安全运行。易受台风影响地区的重要输电线路宜单回架设；走廊拥挤确需同塔多回架设时，优先考虑重要输电线路与一般线路同塔架设。不应采用紧凑型线路和拉线塔。适当缩短耐张段长度，耐张段内连续直线杆塔不宜超过7基。连续直线杆塔超过7基的，应采取防串倒措施。

（2）线路路径。

线路路径应充分考虑历年台风影响、地形地貌及地质情况进行电网路径选择。应避开易发生泥石流、滑坡、崩塌、受淹等地质、水文灾害地带；避开相对高耸、突出地貌或山区风道、垭口、抬升气流的迎风坡等微地形区域。当无法避开以上地段时，应采取必要的加强措施。

应保证配电网线路与一般线路之间的安全距离，防止临近线路倒塔影响重要线路安全运行。在发生超过一般线路设防标准的严重自然灾害情况下，优先保证配电网线路、重要负荷供电线路等安全稳定运行。

11.2.3 继电保护设计

台风多发地区，运行年限较久的重要变电站应加装专用的故障录波装置。运用智慧变电站、场站机器人、在线监测装置等技术手段，提高变电站二次设备远程在线监测能力，同时提升信息上送及远方处理能力，提高电网抗台风能力。

目前变电站电气负荷按2h事故放电时间，通信负荷按4h事故放电时间计算，针对台风多发地区，适当提高变电站直流系统容量。

11.2.4 通信网络设计

针对极易受灾区域的110kV变电站和B类及以上供电区域的35kV变电站，除随一次线路同步补强OPGW光缆外，应适当增加沿10kV管道敷设的光缆第三路由，实现架空光缆、管道光缆互为备用。应用智能化手段实现光缆线路在线监测、远程倒换等功能，缩短应急抢修时间。调度控制中心及应急指挥中心应具有不少于3路独立路由的光缆出口方向，其中至少有1路沟道或地埋方式敷设。

极易受灾区域传输网应形成环网，并缩小网格，网格不宜大于10个站点，杜绝承载在ADSS光缆及普通架空光缆线路上的重路由，提升网络生存能力及业务调度能力。110kV厂站通信物理通道应满足双重化要求且相互独立，传输设备的重要板卡冗余配置。

灾害多发区域变电站可配置独立通信电源，采用并联式蓄电池组且事故放电时间不少于24h。独立通信电源/一体化电源系统均应预留应急供电接口，区域宜统一配置应急发电设备，确保应急状态快速启用。通信站应部署动力环境监控系统，并统一接入24h有人值守的场所，通信电源及一体化电源－48V通信部分的状态及告警信息应纳入实时监控，满足通信运行要求。

12 规划项目库构建

配电网规划项目库构建应以高弹性电网目标“高承载、高自愈、高效能、高互动”为导向，提高配电网承载、自愈、效能、互动四维弹性指数。同时随着我国经济发展进入新常态，电网负荷增速与投资建设强度逐步趋缓，高弹性配电网规划应坚持以效率效益为导向，在提高配电网四维弹性指数的前提下，处理好投入和产出、投资能力和需求的关系。

12.1 一般原则

(1) 坚持问题导向，厘清项目需求。规划项目库构建应基于现状电网评估结果，精准定位薄弱环节。以问题清单及电网发展性、结构性、设备性等内部需求为依据，统筹考虑市政民生、安全生产等外部需求，合理制定项目方案。

(2) 坚持系统思维，服务战略规划。应结合地方规划、发展方向、产业布局与人口分布等合理规划配网项目，实现与目标网架的有效衔接，根据近几年的过渡网架明确新建与改造项目。

(3) 坚持效率效益，发挥一项多能。通盘考虑配电网网格单元内电网相互的协调及项目方案对内部整体电网的影响，最大限度兼顾周边多项需求，同步解决更多与之关联的问题。

12.2 工作流程

配电网规划项目库构建流程分为以下 7 个步骤。

(1) 现状问题诊断：根据高弹性配电网评价指标体系，对规划区域现状配电网整体发展水平进行定量评估，提出配网项目立项的基本原则，厘清薄弱环节，梳理问题及需求清单，明确问题解决的优先级。

(2) 项目需求提报：围绕问题序列，结合过渡网架、建设必要性和可行性，制定相应的初步方案。

(3) 项目需求整合：在初步方案的基础上，以配电网供电网格为单位，统筹考虑配电网单元内电网相互的协调及项目方案对内部电网的影响，梳理网格内网络结构及状态的变化，对相近路径和设备进行整合，判断是否有以较小投资解决更多问题的方案，对现有方案进行优化。

（4）项目入库：将优化完成后的方案存入项目库。

（5）项目比选：对项目进行分级分类，根据项目属性分为必选库和备选库，必选库排序整体靠前，备选库的项目由于投资的局限性，将按照四维弹性指标提升测算与成本效益测算的综合结果进行项目排序，从而形成项目无序到有序的初始转变，即项目初始库。

（6）项目时序优化：在项目初始库初步建立的基础上，统筹考虑逐年资金与项目之间的时序/效益耦合关系，对项目初始库进行进一步优化排序，并赋予其时间属性。

（7）项目库固化：固化完成最终的规划项目库。

12.3 规划项目排序

配电网作为服务国民经济发展的基础设施，是电网通往用户的最后一公里。规划项目排序是一个多目标优化的决策问题，既要满足支撑电网和公司发展的技术经济指标，也要统筹考虑企业承担社会责任、政府政策导向等其他相关因素。一是要服务地方产业发展、保障居民生活用电；二是要满足政府规划，与其他公共服务设施等配套建设；三是要解决薄弱环节，从承载、自愈、效能、互动四个维度全面提升配电网发展水平；四是持续提升投资及利用的效率效益实现公司可持续发展。

12.3.1 流程概述

为了统筹各个规划目标，在有限投资额的约束下，精准解决制约高弹性配电网发展的关键问题，本节采用一种分级分类的规划项目排序原则。首先按照项目的实施目的，将传统的项目库分为必选库与备选库。必选库内的项目需要在投资额下达之后得到优先满足；在满足必选库的前提下，以提升承载、自愈、效能、互动四维弹性指标与投资效益两个层面对备选库项目进行综合优选。最后，对所有入选项目的耦合关系进行分析，给出项目实施的时序建议。

12.3.2 项目分级分类

必选库内主要是服务地方经济发展、配合市政建设、保障供电安全等较为重大的建设项目，需要在投资额下达之后优先进行满足。

备选库内的项目主要解决配电网薄弱环节，分为网架、设备、自动化建设三类，一方面，我们需要挑选出包含亟待解决问题的项目，最大程度上提升配电网四维弹性指标；另一方面，需要优先选中经济效益好的项目来实现精准投资。具体分类表格见表12-1，某些项目可能含有多重属性，可以打钩的方式进行勾选。图12-1所示为规划项目排序流程。

表12-1　项目分类方法

项目分级	项目分类	项目实施目的
必选库	接入工程	新用户接入
		分布式电源接入

续表

项目分级	项目分类	项目实施目的
必选库	配套送出	变电站配套送出
	政策主导	上级部门明确要求整改的设备改造项目或其他需安排的紧急项目
		为配合市政道路建设，政府出资建设的项目
	重大安全问题	解决可能危及人身安全、主干线路正常运行、重要用户正常用电的设备改造工程
备选库	网架类	解决单辐射
		解决大分支问题
		加强联络或改造不合理联络
		主干线分段优化
		解决线路重载、过载
	设备类	解决配变重载、过载
		解决高故障线路及设备改造工程
		运行时间超过设计使用寿命或运行时间较长且运行状况差的线路或设备改造项目
		解决“卡脖子”
		改造高损配变
		解决低电压台区（供电半径过长）
	自动化类	配电网主站、子站、终端建设

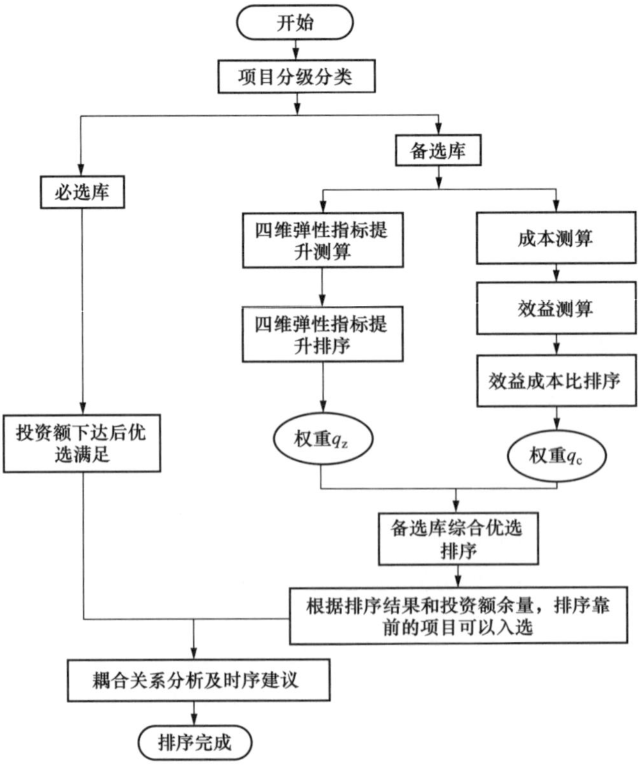

图12-1 规划项目排序流程

如果下达的项目投资总额能够覆盖所有项目，则无需进行项目排序，所有项目需求都可满足，在当前的投资条件下，该种情况出现的可能性极低。

如果投资总额过于紧缺，出现了不能完全覆盖必选库的情况，则需要对必选库内的项目进行分级排序。一般而言重大安全问题、政策主导的项目应得到优先满足，变电站配套送出项目应根据变电站的建设时间进行及时安排，而接入工程可以根据接入容量、项目类别、负荷情况、电压等级进行综合考量得到相应的优先级顺序，在投资额不足的情况下，排在后位的接入工程可以暂缓实施。

一般情况下，下达的项目投资总额不能覆盖所有项目，但是可以覆盖必选库内的所有项目，此时就需要按照四维弹性指标提升测算与成本效益测算的综合结果对备选库进行优选，挑选出优先级高的项目实施。

12.3.3 四维弹性测算

首先根据高弹性配电网评价指标体系，对规划区域现状配电网整体发展水平进行定量评估，得到规划区域现状配电网整体的弹性指数 S_0。

然后以现状电网为基准条件，测算任一项目 k 实施后，规划区域的弹性指数 S_{1k}，则对应项目 k 弹性指标提升量为

$$\Delta S_k = S_{1k} - S_0 \tag{12-1}$$

最后根据 ΔS_k 的大小对备选库内的项目进行排序，弹性指标提升量越大，排名越靠前。

12.3.4 成本效益测算

采用较为主流的 iB/C 法进行排序，即对基础项目库中的可选项目作为计划选项，把所有选项按边际成本进行由小到大排序，整个选项组合中边际成本最小的将会被首先选中，最终最好的项目组合成为满足要求的方案。iB/C 评估使用累加或以费用逐步支出的方法，可决定每个项目或计划花费资金的额度。这种方法根据在投资组合过程中按照单位投资收益最大化的原则给各种类型的项目分配资金。

（1）全寿命周期成本测算方法。

一个配电系统项目在整个寿命期内所需要的总费用，包括系统初始投资、持有（使用、维修、保障等）和退役处理等费用，这些费用的总和被称为全寿命周期成本。应用 LCC 理论可从设备寿命周期的角度，全面、系统地进行配电网可靠性的成本-效益分析，提高资金的使用效率。

精确的全寿命周期成本模型较为复杂，在这里对模型进行简化。配电网的全寿命周期成本计算式为

$$LCC = CI + CO + CF + CD \tag{12-2}$$

式中 LCC——全寿命周期成本；

CI——规划建设成本；

CO——运行维护成本；

CF——设备故障成本；

CD——设备退役成本。

根据资金的时间价值，为了使全寿命周期内设备的各种成本在同一时间范围内具有可比性，需要将全寿命周期成本折算为年值，然后采用年费用法，根据年费用大小判定配电系统的经济性。由资金收回计算方法可得年度成本为

$$LCC_n = CI_n + CO_n + CF_n + CD_n$$

$$CI_n = CI \times \frac{r(1+r)^n}{(1+r)^n - 1}$$

$$CO_n = k_{co} \times CI$$

$$CD = -CI \times 5\%$$

$$CD_n = CD \times \frac{r}{(1+r)^n - 1} \tag{12-3}$$

式中　n——设备的平均经济使用年限；

r——折现率；

CI——项目初始投资，可取 n 为 20 年，r 为 8%；

k_{co}——运行维护系数，可根据《省级电网输配电价定价办法》进行估算，运行维护费不超过新增投资的最高比例 3.375%，对于中压及以下配电网而言，运行维护费用占新增投资的比例可以略高；

CF_n——年度设备故障成本，应根据可能出现的雷击、鸟害、断线等故障类型，测算的各类故障修复成本，对于冰灾、台风等大型故障参照近期同类故障修复成本，故障频次按历史同类故障发生频次进行统计；

CD_n——年度退役成本，设备退役报废回收残值按投资额的 5%考虑。

（2）投资效益测算方法。

根据上一节的分析，备选库内的项目需要进行成本效益测算。配电网投资效益可分为三大类：增供电量效益、可靠性提升效益、降低损耗效益。这三类效益计算均以电量计算为基础。

电量产生的直接效益为电力公司的电量收益（传统算法），即

$$B_{zj} = 购售电价差 \times Q \tag{12-4}$$

式中　B_{zj}——电量直接效益；

Q——项目实施后增加的供电量。

电量产生的间接效益主要考虑用户停电损失的减小。

$$B_{jj} = 产电比系数 \times \Delta Q_{kt} \tag{12-5}$$

式中　B_{jj}——电量直接效益；

ΔQ_{kt}——项目实施后可靠性提高电量。

产电比描述了某年、某一地区单位电能创造的经济效益，是对电能货币价值的一种社会度量，可从宏观角度近似反映停电对整体经济的平均影响。通过对规划区域近三年以来 GDP、消耗电量进行分析，可得到该地区的产电比系数。由于不同供电区域的经济

发展水平不同，不同产业类型的用户其用电方式和对电力依赖程度不同，各类供电区域的不同产业类型的电力用户在相同停电方式下的单位缺电损失也有所不同。因此，产电比系数应考虑不同产业结构的用户类型对缺电成本的影响。

针对这三种效益涉及的电量分析内容如下。

增供电量效益一般为新用户接入或负荷自然增长产生的新增电量效益，由于经济效益测算仅针对备选库内的项目，这里产生的增供电量效益均来自负荷自然增长电量，因此需要对项目中涉及的台区及线路负荷（年用电量）进行预测。

可靠性提升效益为停电负荷与停电时间的减小产生的电量增加效益。对于单一项目而言，可靠性提升电量主要与线路或变压器的年停电时间变化值 $\Delta t_{停}$ 以及可转供负荷比例相关。年停电时间 $t_{停}$ 与运行年限、设备型号、元件数量、设备所处环境等因素有关，是一个较为复杂的关系，可通过历史数据进行回归分析，得到不同因素对于停电时间的影响参数。

对于配变而言，可靠性提升电量为

$$\Delta Q_{\mathrm{kt}}=\Delta t_{停}\times F_{\mathrm{a}}\times S \tag{12-6}$$

式中 F_{a}——配变平均负载率；

S——配变容量。

对于线路而言，可靠性提升电量与网架结构密切相关。在理想的情况下（暂不考虑分段的影响），假设负荷在线路上平均分布，若一条总长为 L 的单辐射中压线路年停电时间为 $t_{停}$，则年损失电量计算式为

$$\Delta Q_{单辐射}=\frac{1}{2}\times t_{停}\times F_{\mathrm{a}}\times S_{\mathrm{e}}\times\eta \tag{12-7}$$

$$\Delta Q_{单联络}\leqslant\frac{1}{2}\times t_{停}\times(F_{\mathrm{m}}-50\%)\times\frac{F_{\mathrm{a}}}{F_{\mathrm{m}}}\times S_{\mathrm{e}}\times\eta \tag{12-8}$$

$$\Delta Q_{多联络}\leqslant\frac{1}{2}\times t_{停}\times(F_{\mathrm{m}}-67\%)\times\frac{F_{\mathrm{a}}}{F_{\mathrm{m}}}\times S_{\mathrm{e}}\times\eta \tag{12-9}$$

$$\Delta Q_{\mathrm{kt}}=\Delta Q_{改造前}-\Delta Q_{改造后} \tag{12-10}$$

式中 $\Delta Q_{单辐射}$——单辐射线路年损失电量；

$\Delta Q_{单联络}$——单辐射线路年损失电量；

$\Delta Q_{多联络}$——多联络线路年损失电量；

$P_{总}$——线路的输送功率；

F_{a}——线路平均负载率；

F_{m}——线路最大负载率；

S_{e}——线路额定输送容量；

η——线路的功率因数，一般取 0.95。

配电网损耗主要包括中压主干线（支线）损耗、配变损耗、户联线损耗三类。

1）中压主干线（支线）降低损耗电量来源于线路改造线径增大导致的线路阻值的

减小。

$$\Delta Q_{zysh}=\left(\frac{Q_{总}}{8760\times\eta\times\sqrt{3}\times U}\right)^{2}\times(R_{改造前}-R_{改造后})\times 8760 \tag{12-11}$$

式中 ΔQ_{zysh}——中压线路降低损耗电量；

η——线路的功率因数，一般取 0.95；

U——线路电压；这里取 10kV；

$Q_{总}$——线路总年用电量；

$R_{改造前}$——改造之前的线路总电阻；

$R_{改造后}$——改造之后的线路总电阻。

2）配变降低损耗电量来源于高损配变改造，可通过配变的理论参数与配变平均负载率进行计算。

$$\Delta P_{pb}=(\Delta P_{0}+F_{a}^{2}\times\Delta P_{k})\times 8760$$

$$\Delta Q_{pbsh}=\Delta P_{pb改造前}-\Delta P_{pb改造后} \tag{12-12}$$

式中 ΔP_{pb}——配变的年理论损耗电量；

ΔP_{0}——配变空载损耗；

F_{a}——配变平均负载率；

ΔP_{k}——配变短路损耗；

ΔQ_{pbsh}——配变改造前后降低的损耗电量。

3）户联线降低损耗电量来源于户联线改造线径增大导致的线路阻值的减小。由于线损管理时统计的台区线损为配变损耗与户线损耗之和，户线损耗可通过台区线损与配变理论线损进行计算。

$$\Delta P_{hx}=\Delta P_{tq}-\Delta P_{pb}$$

$$\Delta Q_{hxsh}=\Delta P_{hx}\times\frac{R_{改造后}}{R_{改造前}} \tag{12-13}$$

式中 ΔP_{hx}——户线损耗电量；

ΔP_{pb}——配变理论损耗电量，可根据式（12－13）进行计算；

ΔQ_{hxsh}——户线降低损耗电量；

$R_{改造后}$——改造之后的户线电阻；

$R_{改造前}$——改造之前的户线电阻。

（3）效益成本比计算。

$$效益成本比=\frac{增供电量效益年值+可靠性提升效益年值+降损效益年值}{全寿命周期成本年值} \tag{12-14}$$

根据效益成本比的大小对备选库内的项目进行排序，效益成本比越大，排名越靠前。

12.3.5 备选项目优选

四维弹性指标提升测算与成本效益测算均需要按照各自的排序折合成相应的百分制

分数。假设共有 N 的项目，根据专业部门打分或是成本效益测算的结果从高到低进行排序，排序为 k 的项目得分为

$$S_{Z(C)k}=100\times\left(1-\frac{k-1}{N}\right) \tag{12-15}$$

按照四维弹性指标提升测算与成本效益测算的综合结果对备选库进行综合优选。

$$S_k=S_{Zk}\times q_{Zk}+S_{Ck}\times q_{Ck} \tag{12-16}$$

式中 S_k——第 k 个项目的最终得分；

S_{Zk}——第 k 个项目四维弹性指标提升结果；

q_{zk}——四维弹性指标提升的权重；

S_{Ck}——第 k 个项目成本效益测算的最终分数；

q_{Ck}——成本效益测算的权重（其中 q_{Zk} 与 q_{Ck} 之和为 1）。

权重取值与规划区域现状配电网弹性指数相关，若弹性指数本身较低，则需要投入更多资金给能提升配电网弹性指数的项目，反之，如果规划区域弹性指数本身较高，则表明区域电网弹性已经足够，投入更多资金来提升电网弹性成效较小，则可把更多资金投入经济效益好的项目。

根据下达投资额进行项目选择时，除了考虑项目排序结果以外，还应考虑项目初始投资额的大小。在优先选择排名靠前的项目的前提下，如果出现排序相同或相邻但是由于投资额的限制无法完全实施时，可以优先考虑投资额较小的项目实施。

12.3.6 耦合关系分析

根据工程实际，配电网规划项目之间可能存在两方面的耦合特性：效益和时序。当配电网规划项目效益、时序都无关联时，为独立的项目，独立项目之前建设时序规划时不存在相互影响。

效益耦合特性表现为由于其物理特点，部分配电网规划项目同时投运会使得配电网可靠性提升效益大大提高（正耦合）或者大幅降低（负耦合），可定义为相容特性和扶持特性。

配电网规划项目之间按照投建和施工时间要求还存在时序耦合特性，表现为某些配电网规划项目需要按照一定的建设时序或者同时投运才能正常实施并发挥作用，可定义为依赖特性、互斥特性和互补特性三种。

规划时应对不同项目的耦合特性进行分析，合理规划建设时序。效益耦合中具有相容特性的项目，建议同时建设。时序耦合中，具有依赖特性的项目应具有先后建设时序，具有互补特性的项目应同时投运或不投运。

13 规划成效分析

规划成效分析在配电网规划设计中具有重要的作用，它是规划方案确定、规划成果总结和电网发展理念落实的重要依据，其目的是从电网、企业和社会等多个角度考察配电网规划方案的前瞻性、科学性和经济性。结合现阶段配电网发展形势，规划成效分析应包括弹性指数评价、安全性评价、经济性评价和低碳发展评价四个方面。

13.1 弹性指数评价

利用高弹性配电网评价体系对规划方案实施后配电网承载力、自愈力、互动性、效能四个方面指数进行评价，分析配电网“四个能力”的提升情况，对比规划目标的满足程度。列表分析高弹性配电网评价指标，统计规划对配电网现状问题的解决以及效率效益的提升情况。

13.1.1 指标体系

评价体系共包括承载、自愈、效能、互动四个维度共 20 个指标，如图 13－1 所示。

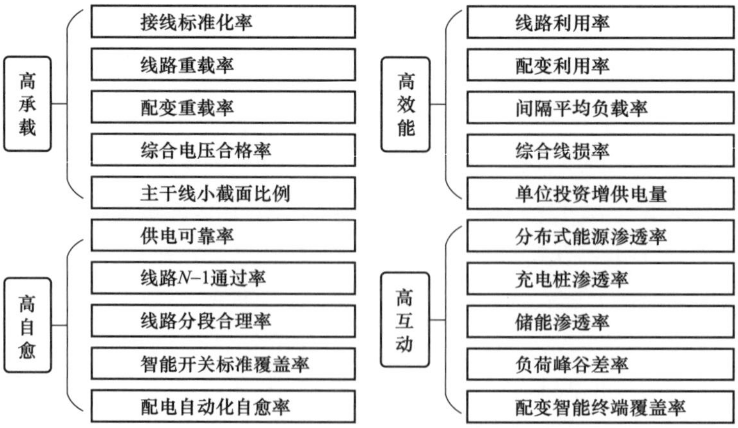

图 13－1　高弹性配电网评价指标体系

13.1.2 权重体系

在四个分类的基础上，结合各指标的重要性、关联性和准确性确定指标权重见表 13－1。

表 13-1　　评价指标权重设置

序号	分　类	指　标　名　称	权　重	权重
1	承载	接线标准化率	25	4.2
2		线路重载率		6.2
3		配变重载率		6.2
4		综合电压合格率		6.2
5		主干线小截面比例		2.2
6	自愈	供电可靠率	25	6.4
7		线路 $N-1$ 通过率		6.4
8		线路分段合理率		4.3
9		智能开关标准覆盖率		1.5
10		配电自动化自愈率		6.4
11	效能	线路利用率	25	4.2
12		配变设备利用率		4.2
13		间隔负载率		4.2
14		综合线损率		6.2
15		单位投资增售电量		6.2
16	互动	分布式电源渗透率	25	3.1
17		充电桩渗透率		3.1
18		储能配置率		3.1
19		典型日负荷峰谷差率		9.4
20		配变智能终端覆盖率		6.3

13.1.3　方法体系

基于全省配电网数据大数据测算结果，构建以下指标得分计算方法，见表 13-2。

表 13-2　　各指标评分公式表

一级指标	二级指标	单位	指　标　评　分　公　式
承载	标准接线率	%	$F(x)=100x$
	线路重载率	%	$F(x)=100(1-x)$　$F(x)=100(1-x/100)$
	配变重载率	%	$F(x)=100(1-x)$
	综合电压合格率	%	现状评价： $F(x)=\begin{cases}0, & x<97\% \\ \dfrac{x-97\%}{1-x}\times 100, & x\geqslant 97\%\end{cases}$ 规划评价： $F(x)=\begin{cases}0, & x_2\leqslant x_1 \\ 100, & x_2>x_1\end{cases}$ x_1、x_2 分别为项目实施前后指标值
	主干线小截面比例	%	$F(x)=100\ (1-x)$

续表

一级指标	二级指标	单位	指标评分公式
自愈	供电可靠率	%	现状评价：$F(x)=\begin{cases}0, & x<99.726\% \\ \dfrac{x-99.726\%}{1-x}\times 100, & x\geqslant 99.726\%\end{cases}$ 规划评价：$F(x)=\begin{cases}0, & x_2\leqslant x_1 \\ 100, & x_2>x_1\end{cases}$ x_1、x_2分别为项目实施前后指标值
	线路 $N-1$ 通过率	%	$F(x)=100x$
	线路分段合理率	%	$F(x)=100x$
	智能开关标准覆盖率	%	$F(x)=100x$
	配电自动化自愈率	%	$F(x)=100x$
效能	线路利用率	%	$F(x)=\begin{cases}x/30\%\times 100, & x<30\% \\ 100, & x\geqslant 30\%\end{cases}$
	配变利用率	%	$F(x)=\begin{cases}x/30\%\times 100, & x<30\% \\ 100, & x\geqslant 30\%\end{cases}$
	间隔平均负载率	%	$F(x)=\begin{cases}0, & x<30\% \\ -1600(x-30\%)(x-80\%), & 30\%\leqslant x\leqslant 80\% \\ 0, & x>80\%\end{cases}$
	综合线损率	%	$F(x)=\begin{cases}100, & x\leqslant 2.5\% \\ -\dfrac{20000x}{7}+\dfrac{1200}{7}, & 2.5\%<x\leqslant 6\% \\ 0, & x>6\%\end{cases}$
	单位投资增供电量	kWh/元	现状评价：$F(x)=\begin{cases}0, & x<0 \\ \dfrac{x}{1.8}\times 100, & 0<x<1.8 \\ 100, & x\geqslant 1.8\end{cases}$ 规划评价：$F(x)=\begin{cases}0, & x_2\leqslant x_1 \\ 100, & x_2>x_1\end{cases}$ x_1、x_2分别为项目实施前后指标值
互动	分布式电源渗透率	%	$F(x)=\begin{cases}\dfrac{2000x}{3}, & x\leqslant 15\% \\ 100, & x>15\%\end{cases}$
	充电桩渗透率	%	$F(x)=\begin{cases}\dfrac{20000}{7}x, & x<3.5\% \\ 100, & x\geqslant 3.5\%\end{cases}$
	储能渗透率	%	$F(x)=100x$

续表

一级指标	二级指标	单位	指标评分公式
互动	负荷峰谷差率	%	$F(x)=100(1-x)$
	配变智能终端覆盖率	%	$F(x)=100x$

13.1.4 综合评分

各指标评分与权重的乘积即为指标实得分，将各指标实得分累加后形成弹性指数得分。

$$S=\sum_{i=1}^{N}[F_i(X_i)\times W_i] \tag{13-1}$$

式中 S——评价总得分；

$F_i(X_i)$——第 i 个指标的得分；

W_i——第 i 个指标的权重值；

N——选取指标的总个数。

13.2 三元评价

配电网发展中存在“安全、经济、低碳”的“三元矛盾”，规划成效评估中，应统筹考虑、综合评价，力争达到整体效益最优。

（1）安全性评价。

安全性评价首先应分析现状诊断发现问题是否通过规划方案全部予以解决，然后分电压等级评价安全性提升情况。

110（35）kV 电网安全性评价主要从供电能力、网架结构方面，对比分析规划实施前后电网有关安全性指标的改善情况，说明对规划目标的满足程度。主要包括：容载比、主变和线路 $N-1$ 通过率等。

中压配电网安全性评价主要从网架结构、装备水平方面，对比分析规划实施前后电网有关安全性指标的改善情况。主要包括：线路联络率、线路 $N-1$ 通过率、供电半径、高损配变比例、电缆化率以及绝缘化率等。

（2）经济性评价。

根据规划期间投资规模，负荷预测成果，主要从挖掘电网存量、精准安排项目、提升配电网效率效益水平等方面，计算单位投资增供负荷、单位投资增供电量等效率效益指标，对比分析规划实施前后有关技术经济指标的改善情况。亦可在内部收益率、动态投资回收期、净现值等方面对规划方案进行经济性动态评价。

（3）低碳发展评价。

测算配电网规划方案实施对促进新能源消纳和节能减排的贡献，以及在改善社会民生方面发挥的积极作用等。

14 规划计划管理

省公司建立发展部门归口管理、各专业部门分工负责的高弹性配电网规划管理体系，落实规划项目库管理要求，健全项目重大变更时的复核复审机制，提升高弹性配电网规划工作效率。

14.1 业务管理概述

（1）业务管理范围。主要指 10（20）kV 及以下高弹性配电网，35kV 及以上电网参照国家电网有限公司关于深化“放管服”改革优化电网发展业务管理的相关意见。

（2）业务管理阶段。对高弹性配电网规划、项目前期、计划与投资、项目建设、成效评估、检查考核等管理工作提出了规范性要求。

（3）业务管理主体。适用于省公司、省经研院、地市供电公司（以下简称“地市公司”）、地市经研所和县（市、区）供电公司（以下简称“县级公司”）等单位。

14.2 业务管理流程

14.2.1 规划编制阶段

充分调动源网荷储各侧资源综合应用，提升规划、设计、建设、运行各环节效率，横向上建立发展部门归口管理、各专业部门分工负责的高弹性配电网规划管理体系，纵向上贯彻“省-市-县-所”四个规划层级，省公司负责地市级规划评审，遴选优秀示范规划。地市公司负责县级规划全面覆盖及评审。县级公司负责编制以网格为基础的配电网规划。

高弹性配电网规划主动响应源荷的状态变化，满足灵活负荷及大规模分布式电源接入需求，从规划源头推进配电网安全和效率双提升。规划内容主要涵盖城市配电网规划、乡村配电网规划、配电网电力设施空间布局规划、配电智能化规划、通信网规划、电能替代规划、电动汽车及充电设施规划、数字化规划等专项规划，以及因地制宜开展的园区规划、中心镇（特色小镇）规划和增量配电网规划等专项规划。

发展部门负责牵头组织高弹性配电网规划编制及评审，运检、营销、调度、互联网等相关专业共同参与。高弹性配电网规划经评审后由发展部门报公司规划委员会统一审议，经审定的各专项规划按需由各相关专业部门对接政府主管部门，及时纳入地方规划。

高弹性配电网规划经审定后，各专项规划形成统一的高弹性配电网规划项目库，包含配网建设改造、配电自动化、电力营销、电力通信网、电网信息化投入等资本性项目类型。各专项规划项目应从高弹性配电网实际建设需求出发，经专业间关联论证后，由发展部门负责纳入高弹性配电网规划项目库，作为后续开展项目可研编制依据。高弹性配电网规划项目库原则上按年度进行调整。

各单位要充实高弹性配电网规划管理和技术支撑力量。推行地市经研所和设计院分离、经研所实体化运作；有条件的县公司设立经研分所。供电所要全面参与高弹性配电网规划工作。

市县级各单位在配电网规划“回头看”、电网发展诊断分析等工作中应深入分析电网效率效益以及源网荷储互动水平。全省定期开展评优工作，并发布各类场景下的优秀规划案例，形成全省规划场景库。

14.2.2 项目前期阶段

发展部门牵头编制年度高弹性配电网可研工作计划，各相关专业部门按需提出项目可研工作建议。发展部门组织开展项目必要性审查，形成年度可研工作计划并发文。纳入年度可研工作计划的项目须来自规划项目库，库外紧急项目需由各单位规划委员会审议决策。

发展部门负责本单位高弹性配电网建设改造项目可研初设一体化管理，实行一次评审、一次批复工作流程。配电自动化、电力营销、电力通信网、电网信息化等项目按职责分工由各专业部门负责可研和初设管理。项目可研报告须满足高弹性配电网可研深度要求，特别应包含对高弹性电网发展影响情况分析评价等内容。

地市经研所负责本单位高弹性配电网项目评审，严格按照高弹性配电网规划建设相关标准要求，对项目实施方案的必要性、技术可行性和经济性进行认真审核把关，评审意见应包含项目对高弹性配电网发展影响的评价意见。

各专业部门按分工负责履行高弹性配电网项目核准或备案手续，负责组织编制核准申请报告、上报核准请示和落实核准批复。

14.2.3 计划投资阶段

加大弹性配电网建设的项目储备力度。列入高弹性配电网发展规划的项目，由各专业部门按照职责分工组织可研工作，在取得可研评审意见后纳入项目储备库。项目储备库由公司发展部门统一归口管理，实施常态化储备，按照需要实时入库、动态调整。

加大高弹性配电网建设的资金支持。根据项目建设内容合理纳入综合计划、融资租赁、成本列支渠道，优先保障符合高弹性配电网发展理念、投入产出综合效益更优的项目。在年度投资计划编制时，省公司发展部门根据各地市高弹性配电网发展水平、存量电网规模、售电量预期，确定各地市公司年度投资总控规模。

加强高弹性配电网建设的计划管理。省公司发展部门牵头，各相关专业配合，引入弹性指数、效能指数、互联指数等评价指标，形成适应高弹性配电网项目特征的投资效益量化评估体系。各地市公司根据储备项目投资效益评估得分以及项目对区域高弹性配电网发展作用综合评价，分专业类别确定项目投资优先顺序，安排年度投资项目明细。

加强高弹性配电网建设的实施管控。投资计划下达后，各专业部门按照分工组织各类高弹性配电网项目实施。发展部门在项目实施过程中不定期组织管理资料、台账信息与工程现场抽查，对各单位项目管理水平与计划执行情况进行综合评价与通报。

14.2.4 项目建设阶段

高弹性配电网项目建设要严格执行国家、行业和公司配电网设计与建设管理标准、工作标准、技术标准和反事故措施。

加强高弹性配电网新技术、新设备、新材料、新工艺的研究和应用，实现资源节约、环境友好、运行安全可靠。

项目建设过程中，严格高弹性配电网工程设计变更、激励约束、过程造价控制等管理，合理控制工程造价。当外部电网边界条件、接入系统方案、建设投资规模等发生重大变更时，应按流程对项目可研进行复核复审。项目完成后，各专业负责组织开展工程验收，并出具验收意见。

14.2.5 成效评估阶段

高弹性配电网发展评估是对高弹性配电网规划建设成果的系统性评价，总结发展成效，聚焦存在问题，统筹各方需求，提出下一阶段发展目标、对策建议等。评估结果作为配电网规划滚动修编、可研计划制定、项目储备和投资计划安排的重要参考依据。

高弹性配电网发展评估从区域综合指数和项目建设成效两个维度开展。区域综合指数评估围绕配电网弹性指数、效能指数、互联指数开展评估，对某一区域开展建设成效综合评价。项目建设成效评估围绕项目计划执行情况、项目成效与规划预期一致性等，对具体项目开展评估。

发展部门牵头负责组织本单位高弹性配电网发展评估工作，经研院所负责本单位年度高弹性配电网发展评估报告编制，运检、营销、调度等相关专业部门配合。评估报告完成后，上级发展部门组织通过资料查阅、现场核查等方式，对下级单位进行检查。评估工作须在当年配电网规划滚动编制启动前完成。

14.2.6 检查考核阶段

省公司负责对地市公司、地市公司负责对县（区）公司高弹性配电网规划工作开展情况、规划项目入库情况、可研工作计划及执行情况、项目完成情况等进行检查，并通报考核。

15 高弹性配电网示范规划

2020年11月20日，公司发布了《“十四五”高弹性配电网规划编制工作指导意见》，全面开启了高弹性配电网规划建设序幕。市县公司聚焦高承载、高互动、高自愈、高效能目标，充分应用弹性规划技术，结合地方发展特色和优势，编制高弹性配电网试点规划，形成了涵盖发展诊断、场景构建、负荷预测、网架规划、源网荷储协同规划、数字化规划和防灾抗灾规划等方面可复制可推广的实践落地经验。

15.1 诊断分析示范

嘉兴海宁——网格级高弹性配电网指标深化应用

嘉兴海宁尖山新区位于杭州湾北岸、海宁市东南角，面积42平方千米，三面环水，近年来尖山新区拥抱大湾区，着力打造万亩千亿产业园。规划立足海宁实际，针对海宁尖山电网负荷密度高、新能源接入占比高、高新产业对电能质量要求高的“三高”特征，以实现高弹性配电网高承载、高自愈、高效能、高互动四项能力为目标，率先开展海宁尖山新区多元融合高弹性配电网研究与建设。

（1）弹性指标评估思路。

基于省公司“能源互联网形态下多元融合高弹性电网指标体系”（浙电发展〔2020〕805号），形成“企业、网格”两个层级的高弹指标体系。其中，网格级过程指标是基于省公司高弹性电网指标体系，面向供电网格，从省公司过程性指标中选取适用于供电网格计算的过程指标，并细化形成46个网格过程性指标，加强了弹性指标对配电网网格化规划的适用性、指导性，提升了弹性指标的落地性，如图15-1所示。

（2）配电网提升重点。

从“互动能力、自愈能力、规划效能、运行效能”4个高弹配电网二级分类指标的实际情况看，尖山新区配电网高弹性现状指标水平及提升重点如表15-1所示。其具体内容如下：

1）互动能力：区域间歇性发电穿透力为75.13%，灵活可调出力、储能、空调负荷、非空调可调控负荷4项灵活互动可调资源总占比为79.99%（其中：灵活可调出力24.69%、储能0%、空调负荷占比32.67%，非空调可调控负荷占比22.63%）。

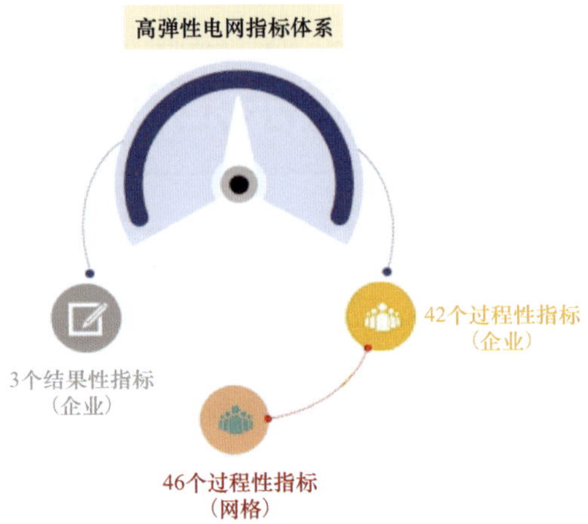

（1）**企业级**：根据省公司805号文关于高弹性电网的指标体系构建分析，整体多元融合高弹性电网发展指数（REID）指标体系由弹性指数（Resilience）、效能指数（Efficciency）、互联指数（Interconnection）3个结果性指标和42个过程性指标构成，评价高弹性电网的发展（Development）。

（2）网格级：基于省公司高弹性电网指标体系，面向供电网格，从省公司过程性指标中选取适用于供电网格计算的过程指标，并细化形成46个网格过程性指标。

图 15-1　高弹性配电网指标深化

表 15-1　　尖山新区配电网弹性指标现状

一级分类	二级分类	三级分类	指标名称	尖山新区
弹性指数	互动能力（10/20kV）	灵活互动资源占比（%）	间歇性发电穿透力（%）	75.13
			灵活可调出力配比（%）	24.69
			储能配比（h）	0
			空调负荷占比（%）	32.67
			非空调可调控负荷占比（%）	22.63
		灵活互动资源响应度	空调可中断负荷削峰响应度（秒级）（%）	—
			空调可中断负荷占比（%）（秒级）	—
			非空调可中断负荷削峰响应度（秒级）（%）	—
			非空调可中断负荷占比（%）（秒级）	—
			可中断负荷占比（%）（秒级）	5.36
			空调可调节负荷削峰响应度（秒级）（%）	—
			空调可调节负荷占比（%）（秒级）	—
			非空调可调节负荷削峰响应度（%）（秒级）	—
			非空调可调节负荷占比（%）（秒级）	—
			可调节负荷占比（%）（秒级）	6.34
		配电网结构灵活性	线路联络率（%）	88.46
			站间联络率（%）	76.92
			线路 $N-1$ 通过率（%）	80.77
			大分支数量	0
			平均分段数（段/回）	1.73
			不合理分段线路数（条）	12
			标准接线率（%）	77.62

续表

一级分类	二级分类	三级分类	指标名称	尖山新区
弹性指数	自愈能力	配网控制覆盖率	配变信息采集率（%）	100
			智能开关覆盖率（%）	0
			一级分支智能开关覆盖率（%）	0
			三遥终端占比（%）	12.5
			配电自动化覆盖率（%）	100
			配电自动化有效覆盖率（%）	29.17
		负荷控制覆盖率	用电信息采集率（%）	100
			负控终端覆盖率（%）	—
			微网自治用户占比（%）	—
		系统实用化水平	配电自动化遥控执行率（自动）（%）	100
			配电自动化遥控执行率（手动）（%）	100
			负控遥控执行率（%）	—
			配网网络重构功能实用性	—
			区域能源协同功能实用性	—
	用户感知	供电可靠性	故障平均供电恢复时间（min）	44
			用户年平均停电时间（min）	38
			用户年平均停电次数（次）	0.8
效能指数	规划效能	电力平衡率	规划平衡负荷占比（%）	95
			规划备用容量占比（%）	0
			容载比（常规）	3.1
			容载比（风光）	4.12
	运行效能	设备利用率	主变资产利用率（%）	13.91
			线路资产利用率（%）	15.89
			配变资产利用率（%）	28.94

从灵活互动潜力看，虽然区域间歇性发电穿透力 75.13%，明显偏高，但区域灵活可调资源潜力 79.99%巨大，平衡能力强。

从灵活互动资源响应度看，目前参与需求侧响应的可调控负荷为 11.7%（其中：可中断负荷 5.36%，可调节负荷 6.34%），虽然能满足上级企业所要求的 5%全局削峰目标，但与区域 75.13%的间歇性发电穿透力相比，区域负荷调节响应规模还远远达不到就地平衡的要求，有待进一步提高。

从配电网结构灵活性看，线路联络率 88.46%、站间线路联络率 76.92%、线路平均分段数 1.73 等指标均明显偏低，中压网架的灵活性不足，仍须进一步提高。

2）自愈能力：区域配变信息采集率 100%，配电自动化覆盖率 100%，用电信息采集率 100%，自动化建设有了一定的基础，但配电自动化有效覆盖率仅为 29.17%，三遥终端占比仅为 12.5%，实用化程度依然不足。

从配网控制覆盖率看，配电自动化有效覆盖率仅为 29.17%，智能开关覆盖率 0%，三遥终端占比 12.5%明显偏低，有待进一步提高。

从系统实用化水平看，虽然配电自动化主站系统功能已非常完善，但受开关设备、控制装置、通信系统及配电网基础数据质量等综合因素的影响，配网网络重构等高级应用功能的实用性均有待深化。

从供电可靠性看，故障平均供电恢复时间 44 分钟，用户年平均停电时间 38 分钟与区域的用电可靠性要求仍有一定的差距，故障隔离及恢复时间有待进一步提升。

3）规划效能：区域规划平衡负荷占比为 95%，风光发电出力不参与电力平衡的容载比（常规）为 3.1，风光发电参与电力平衡的容载比（风光）为 4.12，近期仍有一定的裕度空间。

4）运行效能：区域设备平均负载率和资产利用率分别为：主变 49.03（15.89）%，10/20kV 线路 48.25（15.89）%，配变 32.45（28.94）%，由于区内分布式电源占比过高，区内电网设备的资产利用率（特别是 10/20kV 线路）明显偏低。应进一步优化网络结构，通过设备动态增容及智能化改造等手段、提升需求侧响应调控力度，扩大线路供电范围，减少电网新建投资规模，提高电网资产的资产利用率。

15.2 规划场景构建示范

绍兴新昌——四区场景差异化规划

新昌县地处浙江省东部，隶属于历史文化名城绍兴市，全县面积 1213km^2。新昌县水电已基本开发饱和，光伏资源利用潜力尚可进一步挖掘，生物质能具有垃圾焚烧发电潜力。新昌是全国重点产茶区，存在炒茶、旅游典型负荷，“十四五”期间重点打造浙东唐诗之路精华地，十九峰旅游区、天姥山旅游区打造全电智慧景区，通过电能替代，未来用电负荷大幅增加。

（1）四区场景划分。

结合新昌发展规划，根据全县 38 个网格的资源禀赋、电网特征，形成“城、景、园、茶”四区场景，通过四区场景建设，助力浙东唐诗之路精华地建设，如图 15－2 所示。

1）城区：网侧沉睡资源丰富，自动化水平不高，荷侧电动汽车充电需求增加；

2）景区：全电景区负荷快速增长，现状电网不足以提供支撑，旅游负荷特征明显；

3）园区：现状电网规模小，新增负荷快速接入，用能效率急需优化；

4）茶区：处于新昌边缘山区，首端联络、无效联络较多，供电可靠性低；灵活资源较多，影响线路运行安全。

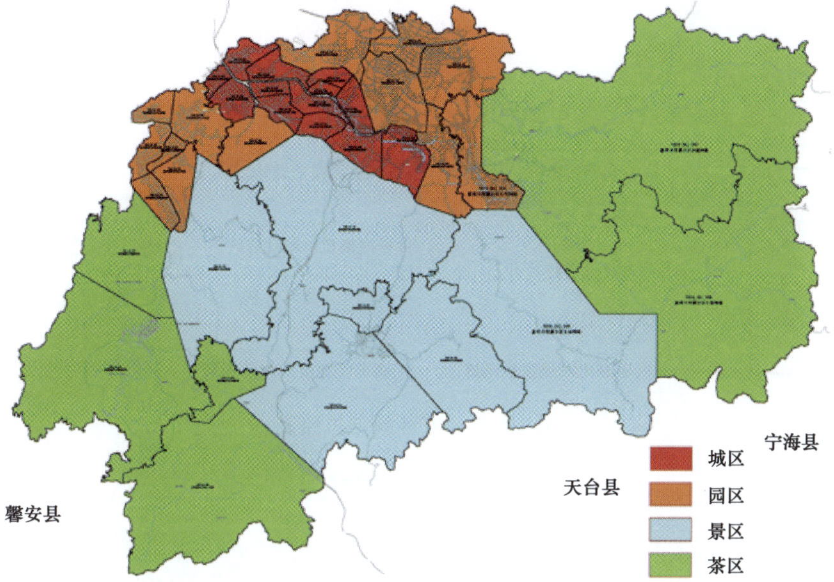

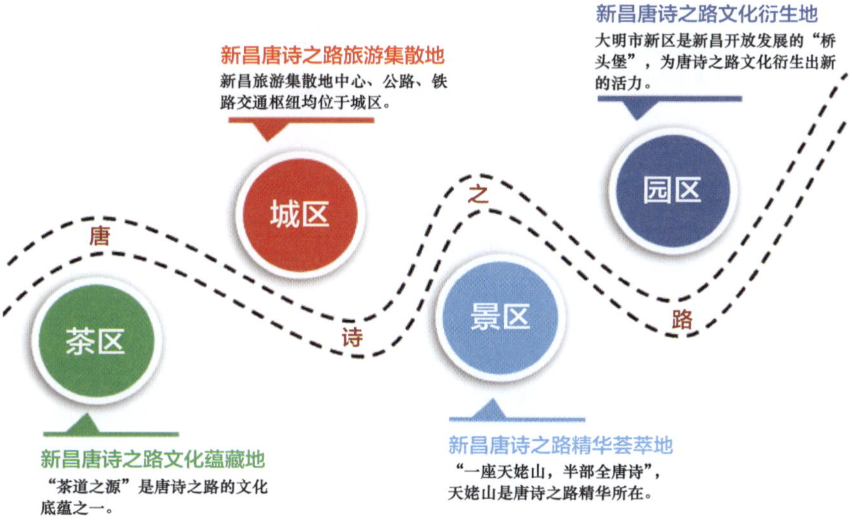

图 15－2　四区场景划分与唐诗之路关系图

（2）典型场景案例。

1）城区。

a）城区典型场景：城关分区老城网格。

b）规划思路（见图 15－3）：充分分析城区形势与问题，通过设备效率效益提升、目标网架及自动化建设、不停电作业提升、充电设施接入协同规划，打造“零计划停电、无障碍接入”城区，助力 5A 级景区城建设。

c）规划方案如图 15－4 所示。

2）景区。

a）景区典型场景：梅澄分区东茗网格。

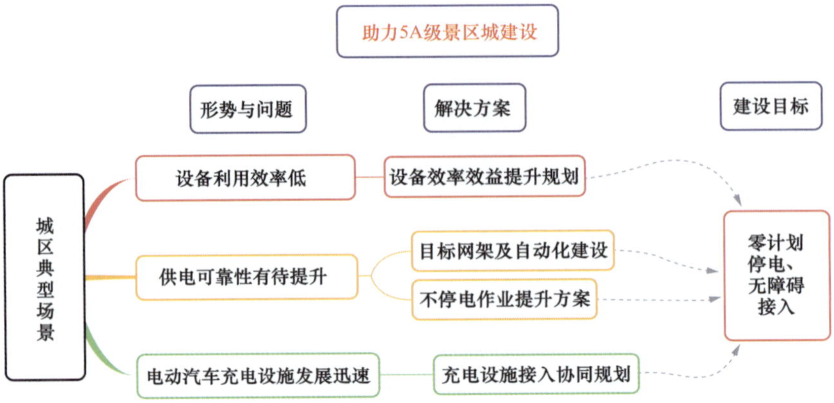

图 15-3　城区规划思路图

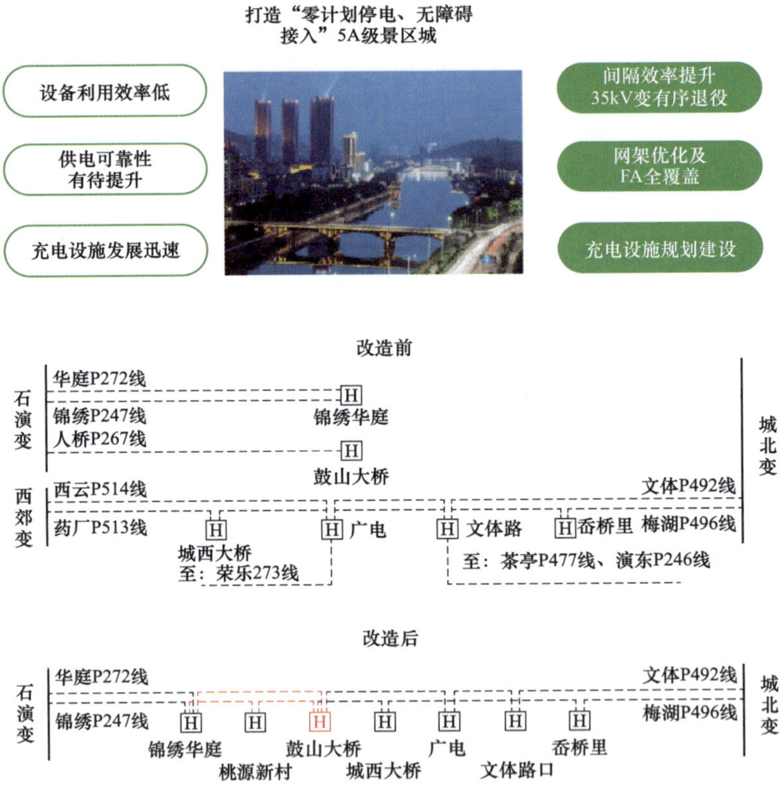

图 15-4　城区方案示意图

b）规划思路（见图 15-5）：充分分析景区形势与问题，通过全电景区负荷全接入、高可靠性电网规划、建设全电智慧平台，打造“电能替代全接入、低碳安全双提升”景区，助力全电智慧景区建设。

c）规划方案，如图 15-6 所示。

3）园区。

a）园区典型场景：城关分区长王网格、城关分区大明网格。

b）规划思路（见图 15-7）：充分分析园区形势与问题，通过 35kV 高承载电网规划、

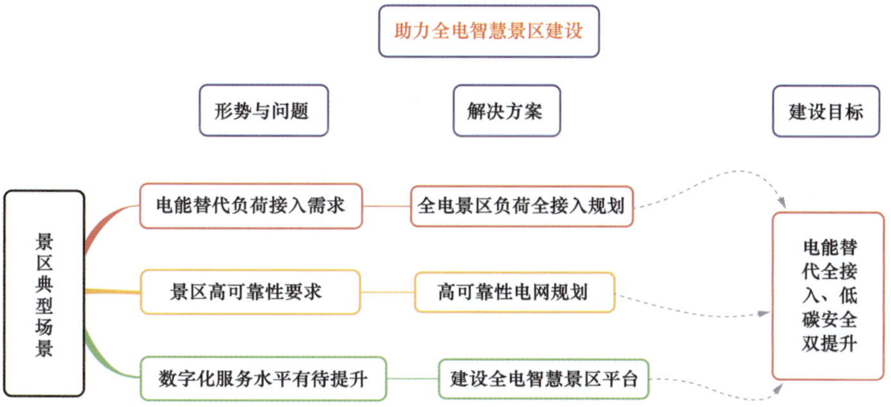

图 15-5　景区规划思路图

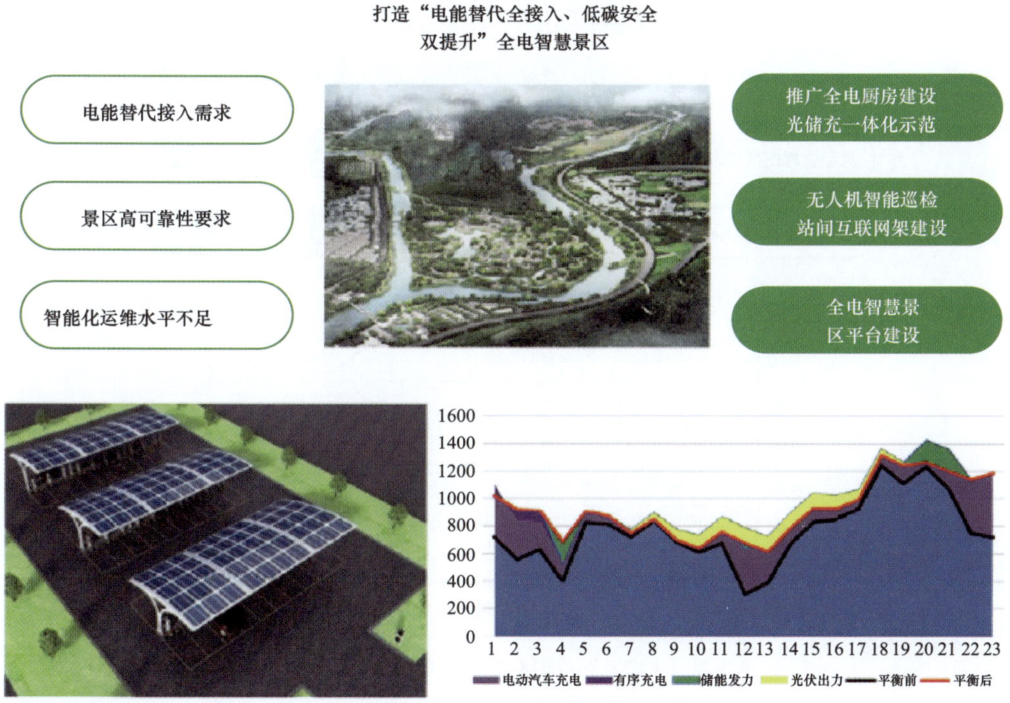

图 15-6　景区规划方案示意图

基于负荷耦合的时空互补网架规划、多元灵活资源精准互动示范、综合能源协控系统示范，打造“源网荷储全面交互、社会效能有效提升”园区，助力科技创新园区建设。

c）规划方案，如图 15-8 所示。

4）茶区。

a）茶区典型场景：梅澄分区镜岭网格。

b）规划思路（见图 15-9）：充分分析茶区形势与问题，通过跨区互联、自动化水平提升、乡村大脑应急响应系统、水光储一体化智慧茶区建设，打造“自然风险智慧防控、水光储互动新形态”茶区，助力茶区景观带建设。

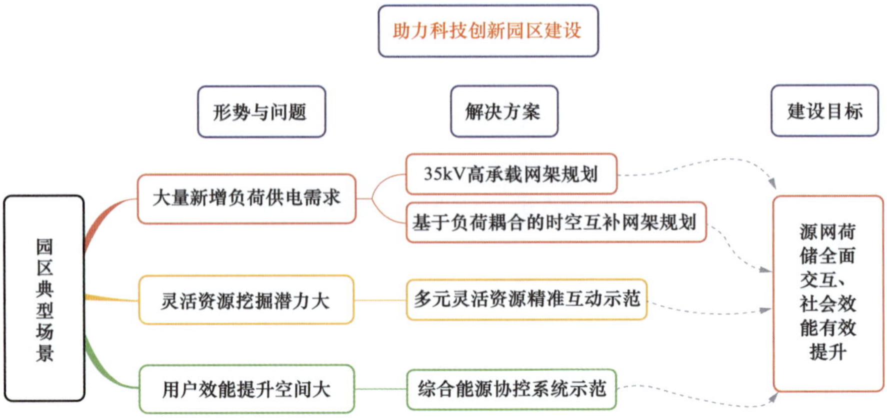

图 15－7　园区规划思路图

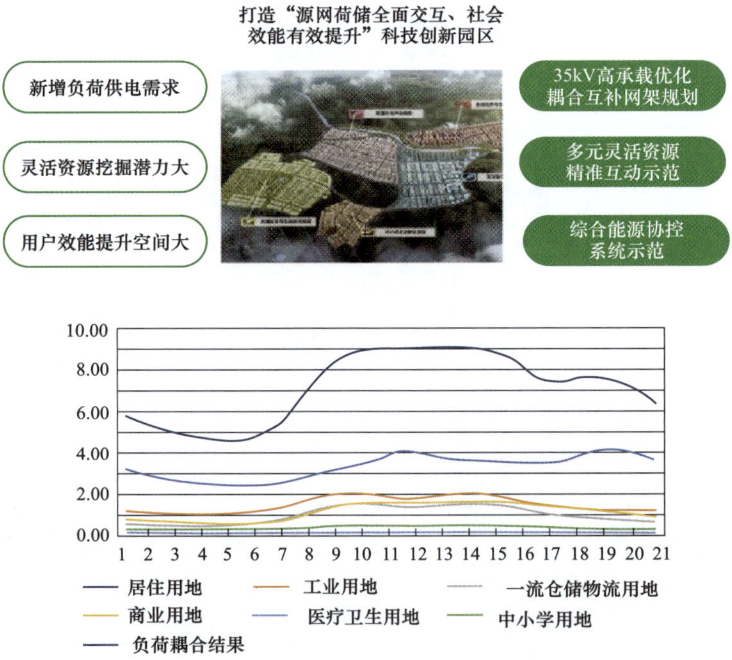

图 15－8　园区规划方案示意图

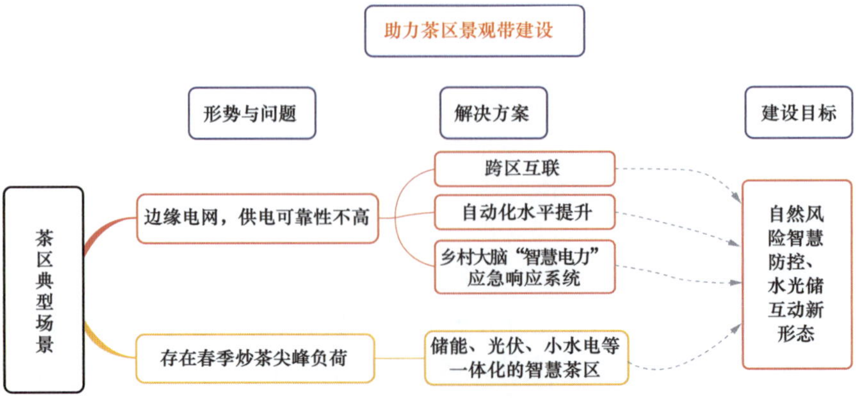

图 15－9　茶区规划思路图

c）规划方案，如图 15－10 所示。

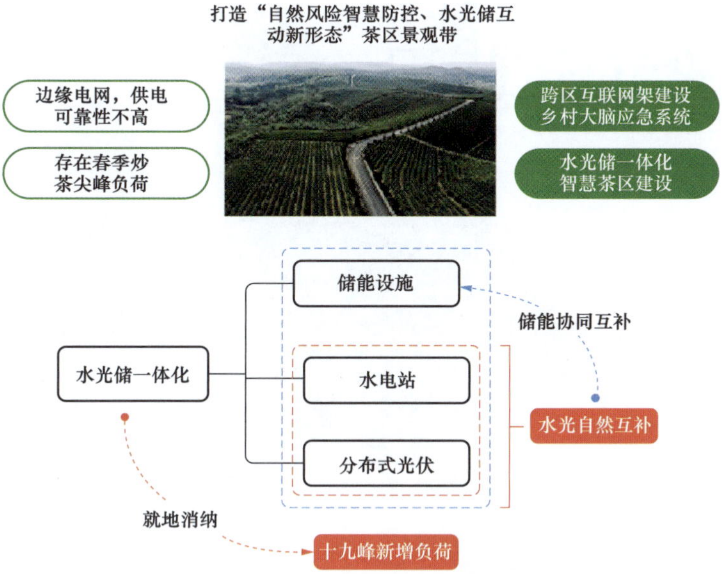

图 15－10　茶区方案示意图

湖州安吉——“两山”县域“1+4”典型应用场景

安吉县位于浙江省西北部、浙皖交界处，县域人口 47 万，面积 1886km^2，是习近平总书记“两山”理念的发源地，旅游资源丰富，光伏、小水电等清洁能源占本地电源比重为 71%。

（1）场景划分思路。

以习近平总书记“两山”理念为引领，聚焦省公司多元融合高弹性配电网主阵地建设，在深度挖掘灵活资源潜力的基础上，为更好发挥灵活资源作用，针对安吉全域内不同区域经济发展、资源特色、电网状况等，开展了“1+4”典型高弹规划场景应用，如图 15－11 所示。主要是以余村“两山”示范区为一个核心，同时开展北部工业发展区、中部城市居民区、南部生态旅游山区以及全域的季节性负荷突变区等开展典型高弹规划。

（2）典型场景规划方案。

1）余村“两山”示范核心区，如图 15－12 所示。

重点以余村综合供能站建设为依托，集成屋顶分布式光伏、小型风机、电动汽车充电桩、地源热泵、移动式储能等多种分布式电源与新型负荷，开展智能化配电、综合能源服务、应急保供电、零碳建筑、未来社区等多种应用规划，打造风光热储充一体的多元融合高弹性应用示范区，高质量提升核心区电网发展水平。同时为更加精准服务余村经济发展，充分应用“网上电网”平台开展配电网规划，包括现状分析、控规绘制、负荷预测，并在此基础上进行高低压设施布局规划等，提升规划精准性。

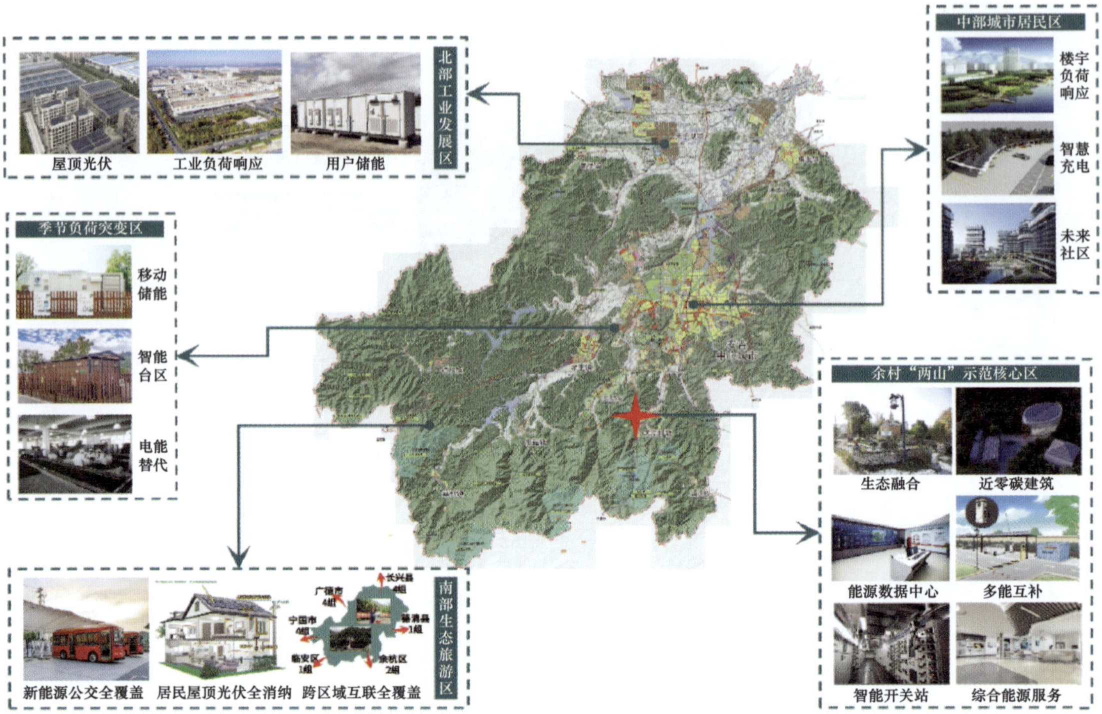

图 15-11　安吉生态高弹性配电网规划典型规划场景

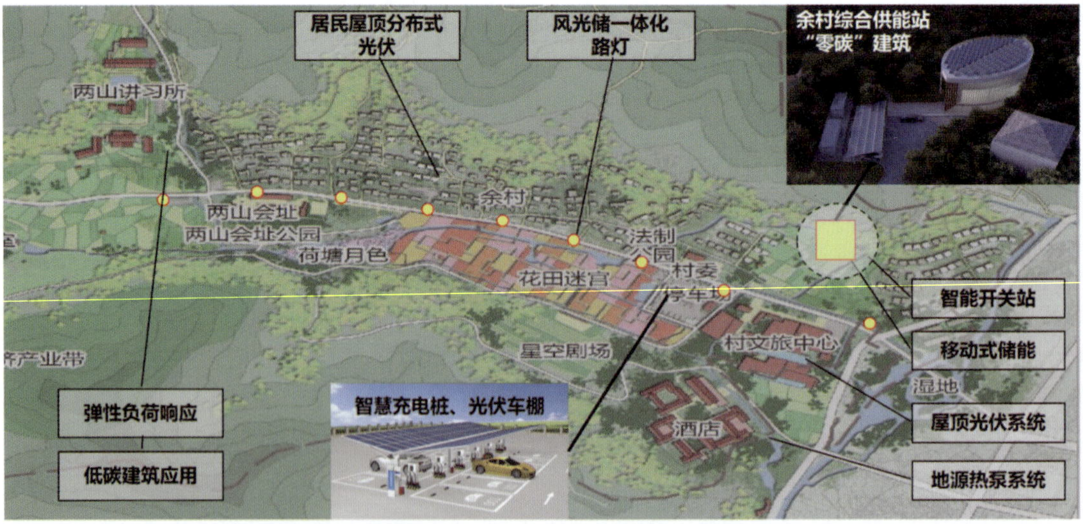

图 15-12　余村"两山"示范核心区典型建设方案

2）安吉北部工业发展区，如图 15-13 所示。

安吉北部工业区为省际承接产业转移示范区，以打造工业新区、高铁新城、通航小镇为目标，重点引进发展先进制造业、战略性新兴产业和现代通航产业。其中南湖片区规划新增企业 11 家，预测负荷 22.15MW，依据传统规划，需新建 2 回 10kV 线路。为此充分挖掘区域厂房屋顶资源，开展分布式光伏规划，规划引导用户配置集中式储能装置，并针对性开展负荷响应。“十四五”期间，规划用户需求响应四家，永宁尔纺织 2800kVA，长虹制链 2200kVA，华丰纸业 2400kVA，振兴铸造 1500kVA，总计 8900kVA，响应最高负荷达到 4700kW。通过可开发屋顶约 5 万 m^2，新增光伏 0.38 万 kW；通过引导用户配置 1MW/4MWh 用户侧集中共享式储能，满足多个用户用电需求。通过灵活资源接入，规划实现区域尖峰负荷降低 5.74MW，为此仅需新建 1 回 10kV 线路，不仅节省投资 810 万元，同时节约 10kV 间隔资源 1 个。

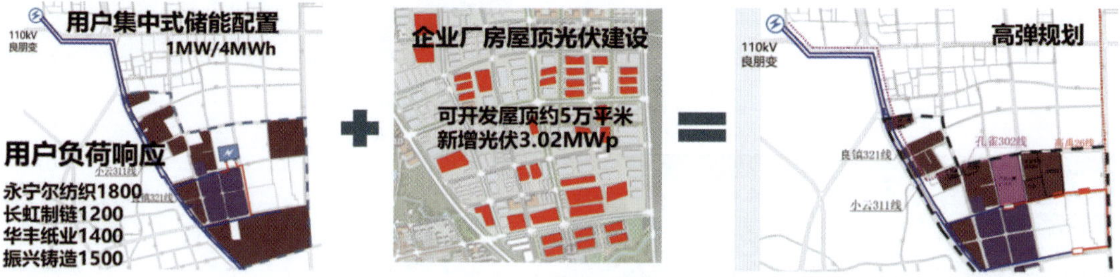

图 15－13　北部工业发展区典型建设方案

3）全县域季节性负荷突变区，如图 15－14 所示。

安吉县蔓塘里村，以白茶种植和乡村旅游为主。蔓塘里 1 号配变：315kVA，主供集中炒茶点及 10 户居民、村旅游集散中心 2 座充电桩，有分布式光伏 3 家 150kWp；非炒茶季负荷低谷约 20kW，白天低谷时光伏出现倒送现象，炒茶季节最高负荷达到 380kW，超载 20%。传统规划需对该配变进行增容改造，但是后期利用率低。为此通过全域内灵活资源调配，实现在炒茶季将移动式储能接入配变，有效减少配变过载情况，不用扩容改造，配变利用率提升。同时移动式储能可在全县域内其他区域重复使用，有效提升配变利用率。移动式储能控制策略：一是炒茶季白天低谷负荷时：光伏发电、储能装置进行充电，实现光伏就地消纳、避免倒送，引导游客电动汽车有序充电；二是炒茶季晚上高峰负荷时：光伏不发电，储能装置放电，减轻变压器重过载压力，满足炒茶高峰负荷需求；三是非炒茶季：移动式储能作为应急电源，为其他短时过载台区或重要场所提供保供电服务。

4）中部城市居民负荷区，如图 15－15 所示。

以县城区学校为例，近年来安吉县开展空调进校园活动，县城区 10 所学校共有各类型教室 230 间，新增空调 450 台，新增容量约 1300kVA。通过与用户空调负荷在线柔性控制＋邀约响应，实现可调节负荷响应 600kW。“十四五”期间规划结合全县 55 个学校空调进校园活动，预计新增 2500 台空调，预计增加可调节负荷 9900kW。

5）南部生态旅游区。

安吉西南部山区杭垓镇，近年来大力发展漂流、民宿、农家乐等旅游经济，用电需求旺盛，拥有水电、光热资源。存在痛点：地处县域边缘，电网薄弱，距离变电站较远；光伏等清洁能源发展迅猛，线路接入消纳能力受限。传统规划：新建 2 回 10kV 线路至县域内 35kV 杭垓变，线路长 12km，投资约 850 万，容易产生低电压。高弹规划：通过挖

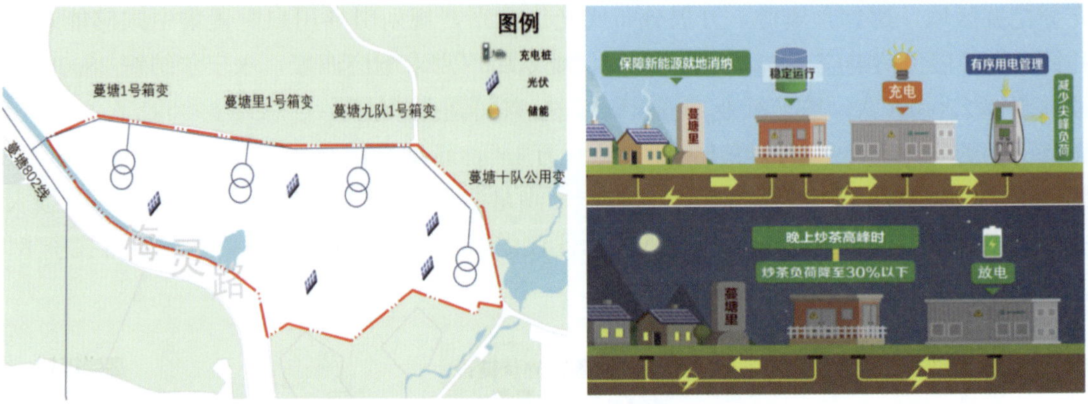

图 15-14　季节性负荷突变区典型建设方案

图 15-15　中部居住负荷区典型建设方案

掘跨省域高弹资源，实现线路跨省联络规划，验收 3 回分支线进行 10kV 跨区域联络线路，投资约 340 万元。节省投资 510 万元，节约 10kV 间隔 2 个，提升供电可靠性，保障清洁能源发展需求。

“十四五”期间，共计规划 16 组跨区联络，实现与周边 6 区市县能源互联全覆盖，边界区域供电能力和供电可靠性大幅提升，同时可满足边界区域清洁能源发展需要。

15.3 负荷预测与电力平衡示范

杭州萧山——精准负荷预测与差异化电力平衡

萧山泛亚运区域总用地面积约 280 平方千米，定位为杭州的国际门户与区域辐射枢纽，同时也是 2022 年亚运会的主赛场和亚运村的所在地。作为多元融合高弹性电网的示范工程区域，承担着 2022 年杭州亚运会 100%清洁能源高可靠供电保障的重任。

（1）整体思路。

在负荷特性分析方面：一是创新了负荷“时间轴”的负荷预测方法，给用户随时间增长匹配的供电裕度，提升变电站和间隔利用效率30%以上；二是创新了负荷“特性轴”的方法，通过分析主变、线路、用户负荷特性，自动拟合变电站间隔交换方案，降低主变尖峰负荷3%～5%；指导迎峰度夏“一线一策”方案，指导用户、清洁能源的接入。

在差异电力平衡方面：一是采用分区域差异化容载比，根据不同区域近5年年均负荷增长率，选取对应容载比；二是泛亚运区域电网95%以上尖峰负荷高且持续时间短，应对尖峰负荷的常规电网建设投资效益差，通过统筹“源-荷-储”高弹性资源规划，按照最大网供负荷的95%通过常规电网建设实现供需平衡，剩余5%尖峰负荷则通过源网荷储高弹性电网规划消纳。

（2）基于高弹理念的负荷需求及灵活资源预测。

1）基于负荷“时间轴”的电力需求预测。

结合“时间轴”分析区内用户负荷特性，研究不同行业用户负荷的最大用电需求，为用户负荷随时间增长匹配适宜的供电裕度，满足用户用电需要的同时，降低电网冗余。

选用自然增长率+基于“时间轴”的点负荷法，对“十四五”泛亚运六大区域（钱江世纪城、萧山科技城、新城片区、桥南片区、空港新城、瓜沥新城）负荷发展情况进行差异化预测，预计至2025年，最大负荷1621MW，用电量105.4亿kWh，“十四五”年均增长率分别为6.99%、6.64%。

2）尖峰负荷分析，如图15-16所示。

通过“网上电网”分析2018—2020年泛亚运区域年负荷曲线，每年尖峰负荷出现在7～8月，出现频次3～6次/年，总持续时间一般不超过48h，为网供最大负荷的4.8%～5.5%。

按照最大负荷95%通过常规电网实现供需平衡，剩余5%尖峰负荷则通过源网荷储高弹性电网参与消纳的规划原则。至2025年，5%尖峰负荷为8.2万kW（162万kW×5%），即至少需要能提供8.2万kW出力的灵活弹性资源（源网荷储）参与电力平衡，消纳5%尖峰负荷。

3）灵活资源预测。

统筹区内现有灵活资源及预建设计划，参与平衡消纳5%尖峰负荷的主要有分布式光伏、可中断负荷资源、储能资源以及电动汽车V2G技术。由于考虑灵活资源受外界影响参与平衡的不确定性，按照5%～7%尖峰负荷考虑规划布局“源-荷-储”灵活资源。具体配置及参与平衡比例如下：

分布式可调光伏容量共5万kW（20%参与平衡，接入10kV电压等级）；可调节负荷方面，聚合分钟级柔性可中断负荷10万kW（50%参与平衡），完成日前邀约负荷28万kW（10%参与平衡），示范V2G电动汽车容量0.1万kW（50%参与平衡），聚合12万kW秒级可中断负荷（用作事故备用，不参与平衡）；储能方面，电网侧储能2万kW（100%参与平衡），负荷侧储能1万kW（20%参与平衡）。

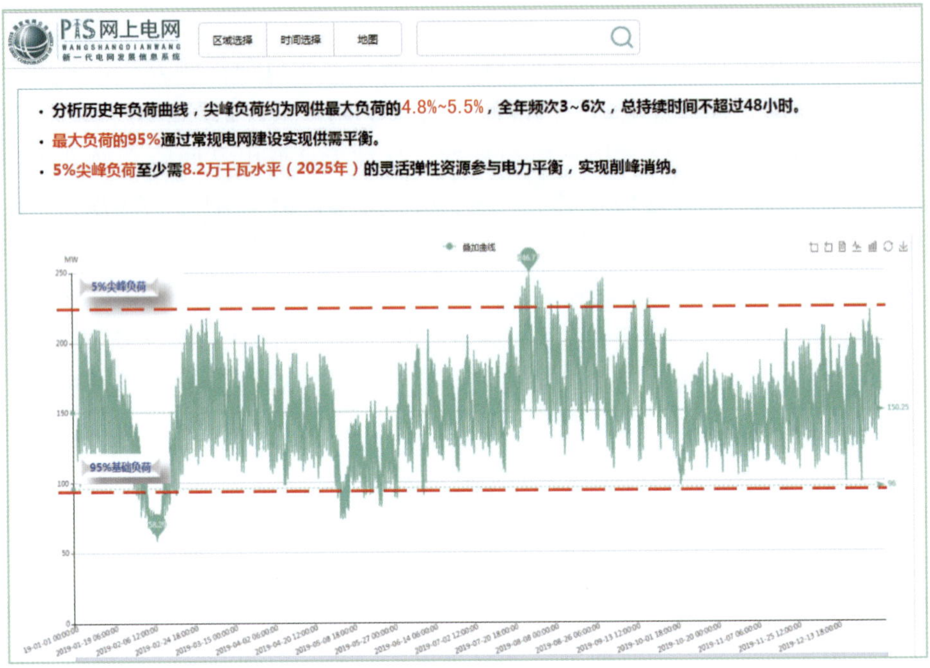

图 15－16　尖峰负荷分析示意图

预计至 2025 年区内规划布局灵活资源共 46.1 万 kW（秒级可中断负荷不计入），其中参与电力平衡出力 11.05 万 kW（1＋5＋2.8＋0.05＋2＋0.2）负荷，满足 5%～7%尖峰负荷消纳。

（3）差异化电力平衡，如图 15－17 所示。

将区内分布式电源、电动汽车充电设施、储能装置及可调节柔性负荷等灵活弹性资源计入电力平衡，统筹考虑区内六大分区负荷增长率 K_p、中压负荷转移能力等因素，差异化选取对应的容载比。

其中钱江世纪城、萧山科技城“十四五”负荷年平均增长率均大于 7%，按照 110kV 容载比 1.8～2.0 进行电力平衡；而新城片区、桥南片区、空港新城、瓜沥新城“十四五”负荷年平均增长率介于 4%～7%之间，按照 110kV 容载比 1.7～1.9 进行电力平衡。

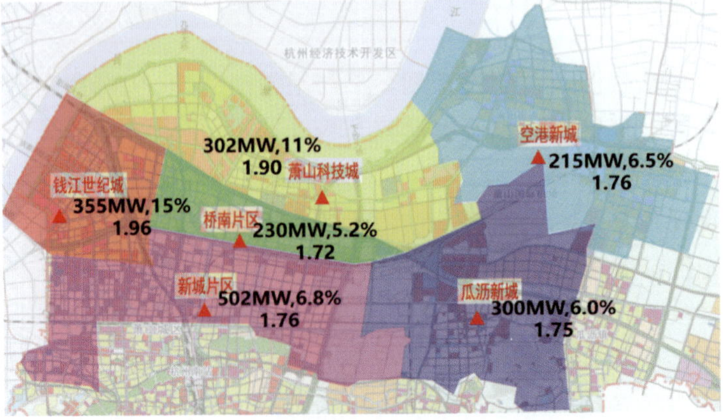

图 15－17　六大区域差异化 110kV 容载比分布图

15.4 高弹性网架规划示范

绍兴越城——交直流混合的高弹性配电网网架规划

镜湖新区位于绍兴大城市核心，规划面积 51.3km^2，是湾区经济新引擎、产城融合新中心、活力多元新城区，是绍兴市未来新的城市中心。镜湖新区属于 A 类供区，负荷主要以居民、商业、行政办公用户为主。未来新区的发展定位赋予镜湖丰富多样的直流负荷，为建设交直流混合高弹性配电网提供了契机。

（1）规划亮点。

构建四端柔直公用配电网，实现交直流互供互济，创新应用 IGCT、多端口直流断路器、小型化直流变压器等关键核心设备，满足高供区可靠性要求；针对电网设备利用效率不高情况，通过灵活资源合理配置与用户负荷特性耦合重构网架；开展间隔资源、配变运行经济性分析，优化网架布局，合理配容，提升运行效能。

（2）典型规划方案。

1）冷热电气全交互的柔直配电网。

典型场景位于环湖核心区网格，属于电网新建区域，负荷类型以大型公共建筑为主。

荷侧：近期负荷主要为镜湖中央公园项目（含新建路灯）、水街、观光塔项目、植物园、华发以及数字广场，总负荷为 14.5MW。

源侧：2023 年前区域新建 2 座冷热电三联供综合能源站（见表 15-2），光伏意向装机容量 2MWp，位于植物园内。

表 15-2　2023 年前新建冷热电三联供综合能源站

能源站	建设时序	所在分区	供冷负荷	供热负荷	供冷电负荷	供热电负荷	位置	占地面积	备注
1号	2022	科研孵化区	38	23	8.55	5.70	育闲路与解放大道交口西侧绿地	4000	地上
2号	2023	站前活力区	31.62	17.39	7.11	4.74	绍兴北站站房内	2000	地下

储侧：考虑电网侧储能，用于重要负荷保供电及削峰填谷，容量配置为 4MW/13MWh。

网侧：构建四端柔直配电网（见图 15-18）。

规划成效：以直流配网为枢纽，通过 DC/DC 接入直流负荷、光伏发电站、储能装置、综合能源站，通过换流站连接交流电网，实现冷热电气全交互。

2）基于负荷增长＋光伏＋储能的电缆双环网。

典型场景位于文创休闲区网格，属于电网过渡区域，负荷类型以科教、居民为主。

荷侧：近期有大量用户接入需求，包括科教中心、第一中学、文创 01 号、文创 02 号、文创 03 号，天悦城充电桩（直流桩和交流桩各 16 个），接入负荷约 14.48MW。

源侧：科教中心及第一中学地块具备屋顶光伏建设条件，预测光伏装机容量 4MWp。

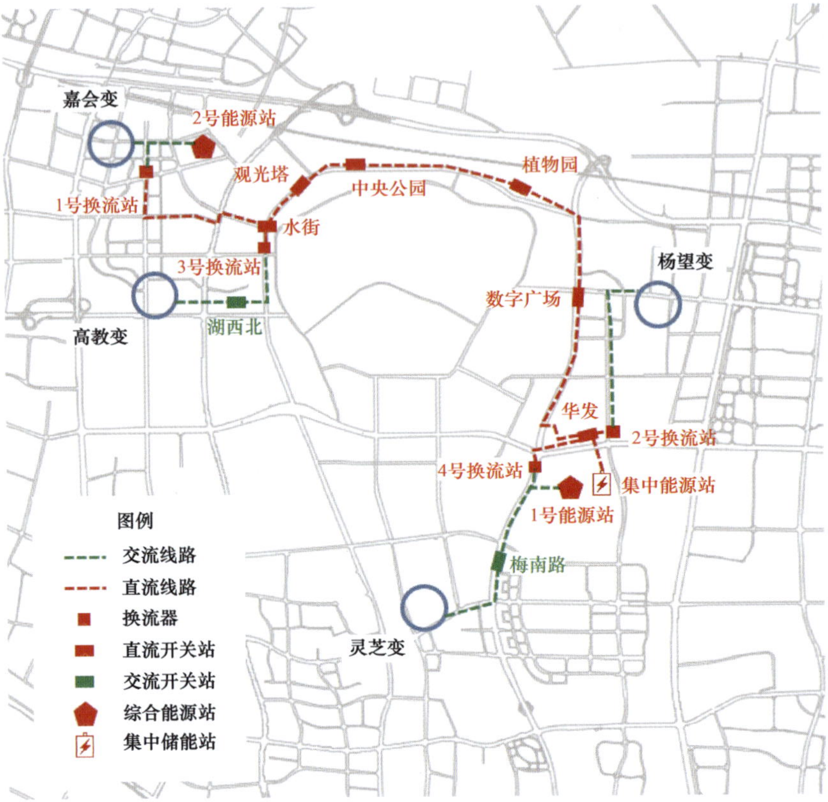

图 15－18　多端柔直公用配电网

储侧：考虑电源侧储能满足新能源消纳，用于平滑光伏出力及削峰填谷，容量配置 3.5MW·2h。

网侧：构建含有分布式光伏及储能的电缆双环网，如图 15－19 所示。

规划成效：线路负载率随着负荷接入将大幅提升，充分利用可开发的光伏资源参与平衡，提升线路利用效率。基于负荷特性曲线利用电源侧储能在光伏发电时平滑光伏出力，在光伏不出力的负荷高峰时刻进行削峰，平滑负荷曲线。

3）基于负荷聚合＋综合能源站的电缆双环网。

典型场景位于公共服务区网格，属于负荷成熟区域，负荷类型以办公和居民为主。

源侧：2025 年前区域新建 1 座冷热电三联供综合能源站（见表 15－3），网格内已建成建筑不具备安装光伏条件。

表 15－3　　2025 年前新建冷热电三联供综合能源站

能源站	建设时序	所在分区	供冷负荷	供热负荷	供冷电负荷	供热电负荷	位置	占地面积	备注
3 号	2025	公共服务区	30.45	17.02	6.85	4.57	锦帆路中心广场绿地	2000	地下

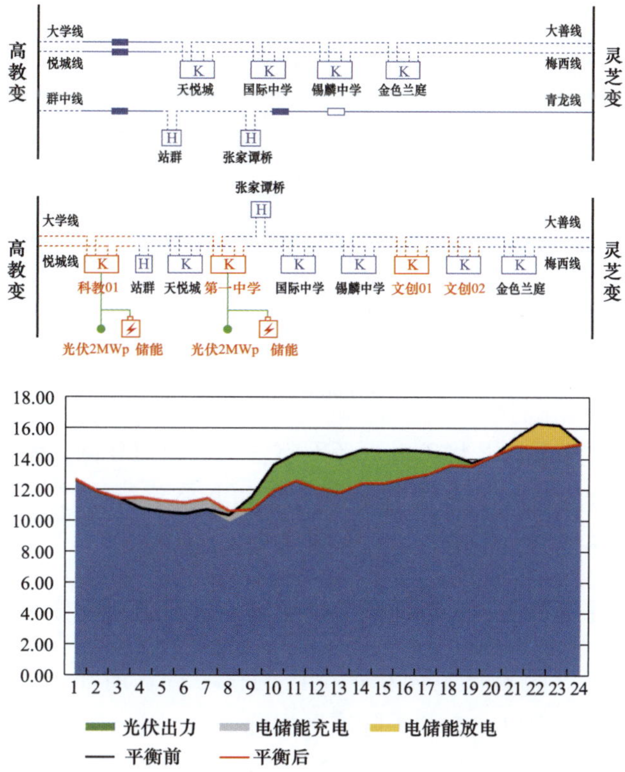

图 15－19　含有分布式光伏及储能的电缆双环网

荷侧：网格内有少量地块开发，现状负荷增长较为缓慢。突出问题是线路负载率普遍较低，已无备用间隔，居民与办公负荷耦合程度不高，线路峰谷差率高。

储侧：综合能源站采用冰蓄冷技术，起到核减空调冷负荷的“储能”作用。

网侧：构建含有综合能源站的电缆双环网，如图 15－20 和图 15－21 所示。

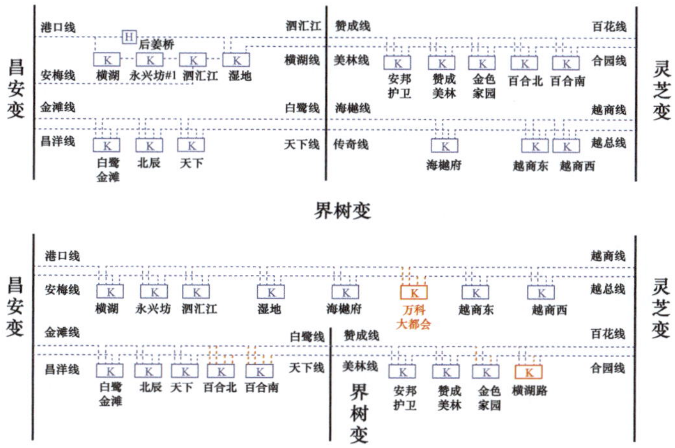

图 15－20　含有综合能源站的电缆双环网（一）

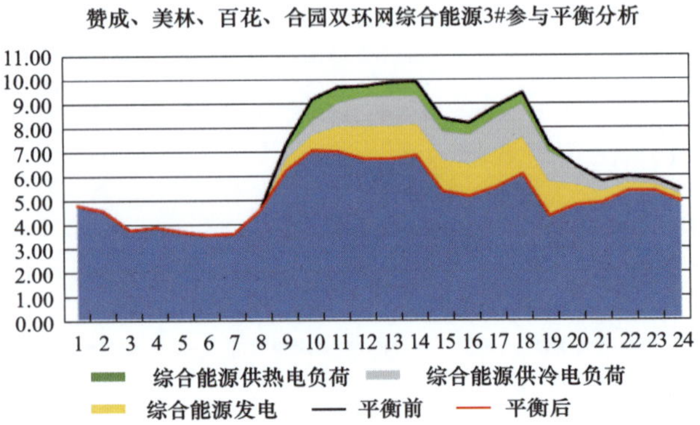

图 15 - 20　含有综合能源站的电缆双环网（二）

规划成效：通过网架重构，将 4 组双环网整合为 3 组双环网，解决线路轻载问题，释放间隔资源；在网架重构过程中考虑将居民负荷和办公负荷进行耦合，提高线路利用效率；利用综合能源站参与电力平衡，进一步平滑负荷曲线。

杭州滨江——以间隔为抓手的空间资源优化规划

滨江区作为杭州建设国家自主创新示范区的核心区，浙江的人才高地、产业高地、创新高地，国际化的重要窗口，有“国际滨”之称。

区域总供电面积 53.8km^2，供电人口 32.5 万。在空间资源方面，滨江区共有 110kV 变电站 11 座，主变压器 26 台。10kV 出线间隔 340 个，剩余出线间隔 54 个，间隔平均利用率为 84.12%。变电站内可利用空间较小，可扩展用地面积共计 17970m^2，占变电站总用地面积 22.21%。

（1）规划思路。

以间隔管理为抓手，主配统筹、远近衔接、科学合理使用变电站出线间隔，进一步唤醒和集约利用电网资源。适应多元融合高弹性配电网发展，高质量满足各类新型用户和新能源接入与消纳需求，切实提升配电网效率效益。

（2）以间隔管理为抓手的高弹性配电网网架规划。

1）公用线路—规划成果提升。

滨江区改接合并线路至新上变电站，“十四五”期间可集约 15 个间隔。

2）用户专线—接入方案优化，如图 15 - 21 所示。

滨江区依托综合能源服务延伸，优化原有用户接入方案，通过分布式光伏、储能的接入，“十四五”期间可集约 4 个专线间隔。

3）母线延伸—整合轻载间隔。

滨江区通过在 3 个变电站处设置间隔扩展型开关站，将 6 回用户专线规整，集约轻载专线间隔 6 个。

4）站内间隔优化排列（见图 15 - 22）。

滨江区通过对变电站不同主变间隔的负荷时刻分析，对变电站间隔进行调整，以西兴变为例，间隔调整前 1 号主变压器负载率 77.1%，2 号主变压器负载率 60.5%，间隔调整后 1 号主变压器负载率 69.5%，2 号主变压器负载率 68.4% 。

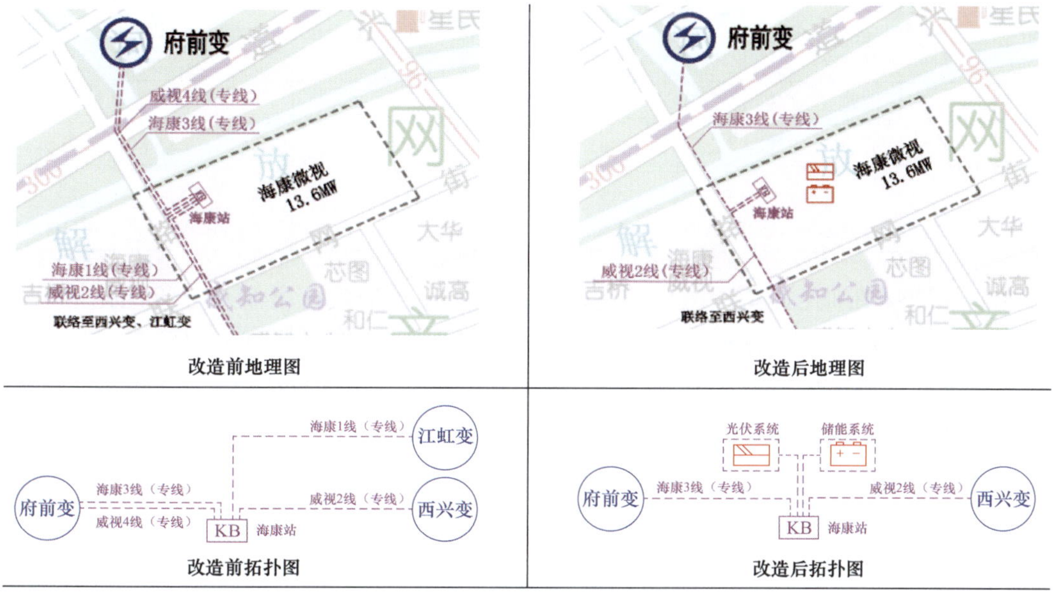

图 15 - 21　用户专线间隔改造方案

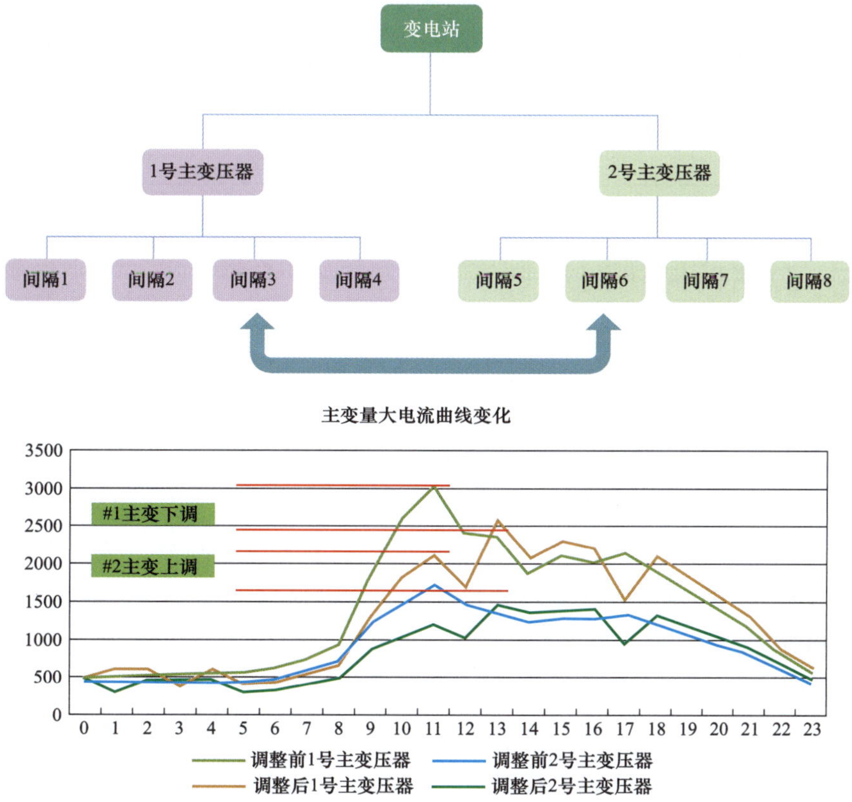

图 15 - 22　变电站间隔优化

表 15－4 所示为变电站时刻负荷分析间隔调整表。

表 15－4　变电站时刻负荷分析间隔调整表　单位：A、%

变电站	主变压器	间隔调整前	性质	限额电流	最大电流	负载率	负荷高峰	间隔调整后
西兴变	1号	滨花 8103 线	公用	400	250.44	62.61	13：30－11：30	滨花 8103 线
		齐飞 8101 线	公用	400	385.71	96.43	12：30－10：30	备用 8119 线
	……							
	2号	盎然 8096 线	公用	400	384.13	96.03	17：30－15：30	齐飞 8101 线

对间隔进行精细化负荷预测，理清每个间隔的逐年的负荷增量及分流优化情况，至“十四五”末，滨江区全面消除轻载线路，上级变电站负载均衡，线路平均负荷 3.5MW，但仍存在 2 回线路无法通过 $N-1$ 校验。表 15－5 所示为线路负荷预测情况表。

通过高弹性配电网规划，间隔整合后将出现 5 回不满足 $N-1$ 的线路，在充分融入灵活资源的情况下考虑 95%左右的尖峰负荷平衡，$N-1$ 通过率 99.65%，同时 16 个配网项目可延缓投资。仅剩 2 回不满足 $N-1$ 的线路，规划配置电网侧储能耦合。

表 15－5　线路负荷预测情况表　单位：MW

线路名称	所属变电站	2020 年负荷	2021 年负荷	2022 年负荷	2023 年负荷	2024 年负荷	2025 年负荷	“十四五”末响应负荷
标工 161 线	长河变	3.4	3.58	2.64	2.86	3.1	3.29	0.27
府寰 9715 线	府前变	3.55	3.54	3.52	3.54	3.56	3.56	0.28
永立 9450 线	永久变	5.87	3.48	3.81	4.17	4.56	4.98	0.92
印城 8985 线	江一变	5.13	5.15	3.73	3.82	3.9	3.95	0.41

15.5 源网荷储协同规划示范

宁波余姚——光伏集中并网的光储发展模式

余姚镇域私营企业发达，是社会经济发展支柱之一。随着社会经济快速发展以及电能替代的不断深入，电力需求日益强烈，2020 年全社会最大负荷同比增长达 14%。电力负荷的迅猛增长使得电网薄弱环节逐渐暴露，供需矛盾愈发凸显，传统手段难以解决。省公司建设多元融合高弹性电网战略的提出，为突破区域电网瓶颈、解决供需矛盾提供了新的思路和方法。

（1）规划思路。

在区域分布式光伏资源有限、储能投资较大情况下，将光伏电站和储能集中接入光储一体开关站。将开关站布置于“双回字”网架关键节点，使光伏和储能资源灵活分配至 8 回相关线路，大范围提升线路动态调节能力，实现光伏、储能等资源利用价值最大化。

（2）规划方案。

1）光储一体化开关站。

分布式电源灵活调控开关站内存在多段母线，各母线之间通过母线联络开关连接，线路接入。通过将园区内多个分布式光伏和线路分接至开关站不同母线，正常状态下，分布式光伏可通过不同线路并网。在某一回线路出现重载或特殊运行状态，需要光伏为线路负荷供电时，开关站母联开关动作，将多个光伏集中至一回线路，缓解线路重载或为线路转供负荷。

光储一体开关站存在5种运行模式（见表15-6），可将站内光伏、储能按照25%～100%比例分配指定线路。在资源“稀缺”、线路负荷较重时，可将光伏“化零为整”。在光伏资源丰富，大规模接入时，可将光伏“化整为零”，扩大消纳范围。

表15-6　光储一体开关站运行模式

项目	接入线路回数	每回线路接入容量
模式一	1	1
模式二	2	0.5∶0.5
模式三	2	0.75∶0.25
模式四	3	0.25∶0.25∶0.5
模式五	4	0.25∶0.25∶0.25∶0.25

2）光储一体化开关站接入“双回字”网架，如图15-23所示。

一体站接于“双回字”网架关键点，结合开关站灵活的运行方式和“双回字”网架结构，可将光伏和储能资源灵活分配至8回相关线路。

区域建设一体站3座，布置于“双回字”网架关键点，接入12回线路，通过1次拓扑重构（联络开关动作一次、分段开关动作1次），还可影响更多线路。只需要直接对集中接入灵活运行光储一体站进行控制或少量开关动作，区域内16回线路能实现光伏发电消纳，降低线路负载率，提升线路供电能力。16回线路已经完全覆盖区域内负荷增长较快且供电能力紧张部分。

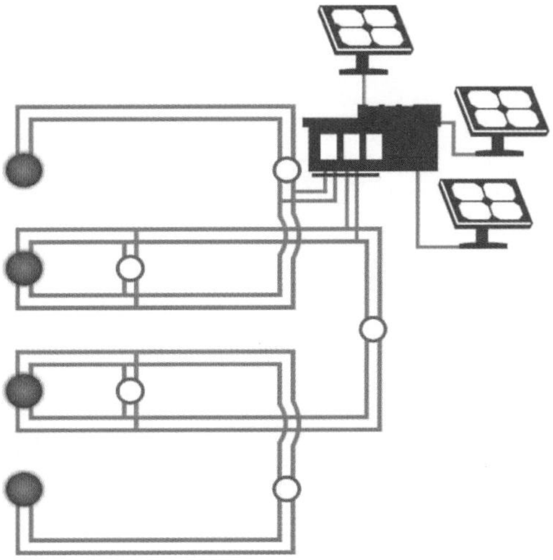

图15-23　光储一体站接入“双回字”网架示意图

3）典型方案分析。

选择两个“回字”接线组作为典型接线组，接线组一由临东线、临西线、海浦线、湖浦线组成，接线组二由城隍线、城涂线、固海线、海涂线组成，至2025年，接线组一负荷达到 28.07MW，接线组二负荷达 28.13MW，现有线路供电能力难以满足负荷需求，常规手段各接线组需增加 1～2 回线路，才能平衡负荷。

在“双回字”网架关键点接入光储一体站后，只需改变一体站运行方式，即可为指定线路接入需求容量的光伏、储能。在此基础上，将灵活资源用于两“回字”接线组负荷平衡中，可实现不新增线路前提下的负荷平衡，实现电网规模“零增长”。

负荷平衡过程中，一体站存在运行模式转变，上午春蕾电镀开关站 4MW 光伏全部接于接线组 1，下午春蕾电镀开关站 2MW 光伏接于接线组 1，另外 2MW 光伏接于接线组 2，如表 15－7 所示。显然，一体站的灵活运行模式实现了灵活价值最大化利用。图 15－24 所示为光储一体站接入网架结构图。

表 15－7　开关站运行模式情况

时间	0：00～12：00	13：00～24：00
接线组 1	七塘开关站 2MW，春蕾电镀开关站 4MW	七塘开关站 2MW，春蕾电镀开关站 2MW
接线组 2	创业路开关站 2MW	创业路开关站 2MW，春蕾电镀开关站 2MW

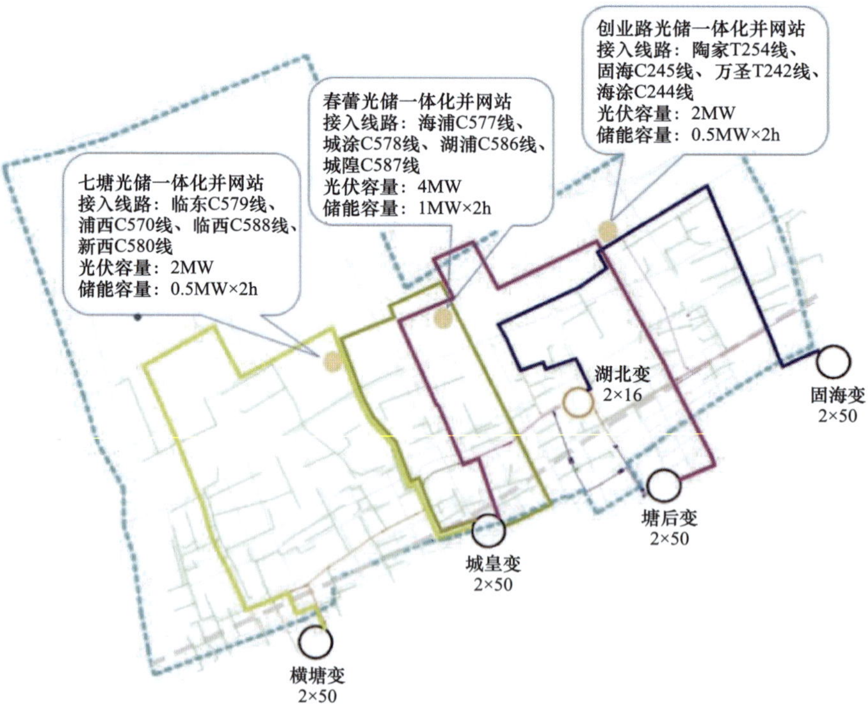

图 15－24　光储一体站接入网架结构图

温州乐清——以分布式储能为引擎的荷储互动规划

泛乐清湾港位于乐清市中部，总面积为 248.92km²，人口 22.28 万人，2019 年地区生产总值315.23亿元，具备山、海、港、城多重特征，发展潜力大。试点区域为泛乐清湾港核心区，总面积10.2km^2。是中国电子元器件产业基地，入选2019年度全国综合实力千强镇前100名。区域内用户多为高附加值产业，对电价敏感度不高，用户侧多弹性负荷未有效挖掘。

（1）规划思路。

以分布式储能为引擎，构建基于多点布局的多类型储能系统，并通过分布式储能状态感知与聚合控制平台实现广域多点分布的光伏、储能、可控负荷系统联动，结合电动汽车、配电自动化、5G通信网等手段，推进泛乐清湾港多元融合高弹性配电网示范项目实践落地。

（2）规划方案。

1）构建分布式储能在线状态感知与聚合控制平台。

建设分布式储能感知与聚合平台，对接入乐清电网的储能设备进行分布式状态感知与聚合调控，提升乐清电网灵活性，以应对2021年迎峰度夏问题，满足台风后电网恢复需求。

建设分布式储能感知与聚合平台，开发通信模块、分布式储能状态感知模块、储能资源聚合调度控制模块等核心模块，实现针对乐清市内所有储能资源的全景感知与聚合调度控制。分布式储能采用分散布置、集中控制的管理思路，探索通过严控储能用户准入准出、集中控制的模式，实现用户侧分布式储能市场的可控管理。

2）开展多类型分布式储能项目。

储能系统配置采用线路侧、用户侧和移动储能车三种方式，近期主要目的为削峰调频，有效提高现有电网的负荷承载能力，保证在110kV淡工变投运之前电网的安全稳定运行。

依据分散布置、集中控制原则，利用高度集成、可灵活转运、可即插即用的分布式储能舱，打造多类型分布式储能，如图15-25所示。

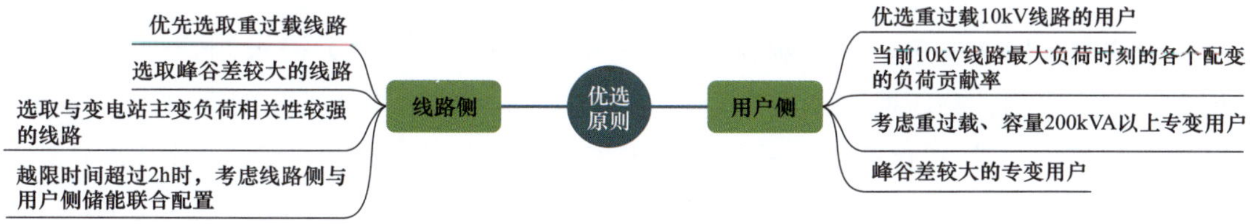

图15-25　储能规划优选原则

在试点区域内优选4条10kV线路进行线路侧储能配置，均为虹桥变，合计储能功率为5MW，储能总容量为10MWh；优选41个专变开展用户侧储能，合计储能功率为13MW，储能总容量为26MWh。考虑到台风影响，应对负荷保电、应急供电、不停电检修等不定期需求，规划配置4辆移动储能车。实施成效如图15-26所示。

3）开展新形态需求侧管理。

开展灵活负荷响应潜力分析，对灵活负荷进行分类、分级，测算乐清地区灵活负荷响应整体规模，以及区域分布、行业分布情况，挖掘海量灵活负荷资源。积极开展需求

图 15-26　10kV 新洋 Y375 线储能实施前后对比图

响应工作，推动灵活资源入库。根据削峰、填谷负荷总量和控制需求，做好灵活负荷资源储备。目前乐清公司参与需求响应可中断负荷共 26 家，预计可切负荷为 3.93 万 kW；省级响应共 18 家，削峰需求响应能 7.4 万 kW，填谷需求响应能力 7.76 万 kW；纳入本地需求响应储备库 229 家，需求响应容量 64.6 万 kW。开展电力需求侧管理系统应用，支持在线负荷监测、响应监控和数据分析。丰富需求响应业务类型，灵活采用“定向式＋广播式”邀约方式、“长期固定补贴＋实时补贴报价”激励机制，激发用户调节潜力，实现用户负荷与电网调节需求对接。深度挖掘参与用户报价报量、资源档案、响应行为等特征信息，探索公平型、经济型、可靠型等的负荷出清响应模式，满足多目标电网调控需求。示范区采集终端已全覆盖，将实时监测企业用能情况，实现负荷精准调控，为电网调度部门提供新形态的负荷需求响应资源。

4）开展分布式电源布点规划。

提升源网荷储协同水平，挖掘乐清地区用户电能替代潜力与需求响应潜力，通过对大用户、电动汽车、居民生活等多元复合的用电行为分析，唤醒区域灵活资源，规划典型应用场景，开展充电基础设施、储能设施布点研究，通过考虑需求侧资源参与系统运行，合理规划分布式电源的类型、安装地点、容量，提高电网利用效率。目前，试点区域分布式光伏装机容量为 7.22MW，根据网格内用户类型与特性，可对规模较大工业用户进行分布式光伏规划，规划容量约为 10MW。

5）电动汽车唤醒服务示范工程。

建设乐清电动汽车管理体系，设置快充和慢充两种模式的管理方案，通过车辆辨识码（车牌号、充电账户等），对用户行为和电动汽车的用电习惯进行分析。应用“车网互联互动策略”，通过价格调控和“互动合作协议”引导用户分时段、分区域地进行负荷管理，把电动汽车作为集成式储能电站的一种特殊形式进行管理，并同步探索“光储充一体化充电站”建设。

15.6 防灾抗灾示范

温州乐清——防灾抗灾的“韧性”配电网规划

乐清电网近两年受台风影响严重，特别是“利奇马”“黑格比”等超强台风对乐清电网的供电产生严重影响。“利奇马”台风影响期间，累计 5 回 110kV 线路、4 回 35kV 线路故障，涉及 6 座变电站全停，205 条 10kV 线路故障（故障停电线路占比 40.84%），约 33 万用户停电。电网负荷从 138 万 kW 降至 16 万 kW，负荷损失 88%。乐清虹桥网格处于 33m/s 风速区。根据三级防台标准确定细则，乐清虹桥网格总分为 83 分，属于重点防台区。

（1）规划思路。

构建“防灾抗灾电网”立体式差异化评价体系，体系评价指数包括电网坚强指数、设备可指数靠、运维管理指数、应急保障指数，并根据浙江省历次防台抗台经验，提炼电网坚强、设备可靠、运维管理、应急保障四类指标，包括 13 项二级指标、35 项三级指标，科学评价乐清电网防台现状。通过评价，精准定位试点区域的薄弱环节，提出防台策略，实现台风期间“不停电、少停电、快复电”，将防台工作节点置前、贯穿始终、实时评价，并指导规划、建设、运行，切实做到“台风来时心有底”。

（2）实施方案。

根据“防灾抗灾电网”立体式差异化评价体系，乐清虹桥网格评价结果如下：

1）电网坚强指数，如表 15－8 所示。

表 15－8　　电网坚强指数

类别	指标类型	指标名称	指标权重	虹桥网格得分
电网坚强指数（20 分）	110（35）kV 及以上网架坚强（6 分）	台风状态下 500kV 线路 $N-2$ 通过率	2	2
		台风状态下 220kV 线路 $N-2$ 通过率	2	2
		110（35）kV 网架标准化率	2	2
	中压配网网架坚强（14 分）	10（20）kV 网架标准化率	3	2.22
		10（20）kV 线路分段合理率	3	0.56
		10（20）kV 线路转供通过率	3	0.78

续表

<table>
<tr><th>类别</th><th>指标类型</th><th>指 标 名 称</th><th>指标权重</th><th>虹桥网格得分</th></tr>
<tr><td rowspan="4">电网坚强指数（20分）</td><td rowspan="4">中压配网网架坚强（14分）</td><td>可中断、调节负荷规模占比</td><td>1</td><td>0.00</td></tr>
<tr><td>灵活互动源储资源占重要负荷比例</td><td>1</td><td>0.00</td></tr>
<tr><td>黑启动配置容量比例</td><td>1</td><td>0.00</td></tr>
<tr><td>110kV变电站负荷转移能力</td><td>2</td><td>1.27</td></tr>
<tr><td colspan="3">合计</td><td>20.00</td><td>10.83</td></tr>
</table>

2）设备可靠指数，如表15－9所示。

表15－9　　设备可靠指数

<table>
<tr><th>类别</th><th>指标类型</th><th>指 标 名 称</th><th>加权总分</th><th>虹桥网格得分</th></tr>
<tr><td rowspan="14">设备可靠指数（30分）</td><td rowspan="4">110（35）kV及以上线路抗风合格率（8分）</td><td>500kV线路抗风合格率</td><td>2</td><td>2</td></tr>
<tr><td>220kV线路抗风合格率</td><td>2</td><td>2</td></tr>
<tr><td>110（35）kV线路抗风合规率</td><td>2</td><td>1.00</td></tr>
<tr><td>110kV及以上老旧杆塔比例</td><td>2</td><td>2.00</td></tr>
<tr><td rowspan="4">变电站可靠（8分）</td><td>防涝措施合格变电站比例（220、110、35）</td><td>2</td><td>2</td></tr>
<tr><td>全户内变电站比例</td><td>2</td><td>1</td></tr>
<tr><td>配置第三路所用变电源变电站占比</td><td>2</td><td>0.5</td></tr>
<tr><td>通信站点、光缆达标率</td><td>2</td><td>1.33</td></tr>
<tr><td rowspan="6">配网线路达标率（14分）</td><td>10（20）kV线路抗风合格率</td><td>4</td><td>0.14</td></tr>
<tr><td>老旧10（20）kV架空线路合规率</td><td>2</td><td>0.07</td></tr>
<tr><td>10（20）kV架空线路工程质量合格率</td><td>2</td><td>2</td></tr>
<tr><td>交通可靠指数</td><td>2</td><td>2</td></tr>
<tr><td>自动化有效覆盖率</td><td>2</td><td>1.93</td></tr>
<tr><td>配电自动化自愈占比</td><td>2</td><td>0</td></tr>
<tr><td colspan="3">合计</td><td>30.00</td><td>17.97</td></tr>
</table>

3）运维管理指数，如表15－10所示。

表15－10　　运维管理指数

<table>
<tr><th>类别</th><th>指标类型</th><th>指 标 名 称</th><th>指标分值</th><th>得分</th></tr>
<tr><td rowspan="7">运维管理指数（30分）</td><td rowspan="3">变电隐患排查治理指数（7分）</td><td>变电站应急预案完备率</td><td>1</td><td>1</td></tr>
<tr><td>变电站周边异物隐患整治率</td><td>3</td><td>3</td></tr>
<tr><td>变电站防水隐患整治率</td><td>3</td><td>3</td></tr>
<tr><td rowspan="4">输电隐患排查治理指数（7分）</td><td>输电线路应急预案完备率</td><td>1</td><td>1</td></tr>
<tr><td>通道异物整治率</td><td>2</td><td>2</td></tr>
<tr><td>地质灾害点设备整治率</td><td>2</td><td>2</td></tr>
<tr><td>薄弱杆塔加固比例</td><td>2</td><td>0</td></tr>
</table>

续表

类别	指标类型	指 标 名 称	指标分值	得分
运维管理指数（30分）	配电隐患排查治理指数（10分）	配电线路应急预案完备率	1	1
		配电线路通道整治率	3	0.11
		配电设备加固比例	3	1.5
		老旧配网线路抗风整治率	3	0.11
	灾情监测覆盖指数（6分）	线路分布式故障仪及视频覆盖率	2	0.01
		变电站水位监测及视频覆盖率	2	2
		地下、低洼配电房水位监测覆盖率	2	2
合计			30	18.72

4）应急保障指数，如表15－11所示。

表15－11　　应急保障指数

指 标 类 型	指 标 名 称	指标分值	得分
应急体系（2分）	演练覆盖率	2	2
人员保障（6分）	抢修人员充足率	2	1.2
		1	1
		1	0.6
	重要变电站人员值守率	2	2
物资装备保障（4分）	物资配备率	2	2
	装备配置率	2	1.50
安全保障（3分）	安全监督到位率	2	2
	不发生人身伤亡事故	1	1
恢复速度（5分）	灾情普查全覆盖时长达标率	1	1
	抢修恢复时长达标率	2	2
		1	1
		1	1
合计		20.00	18.30

5）提升方案，如图15－27所示。

通过评价，试点区域现状电网坚强和设备可靠指数方面得分率较低，主要原因为现状网格内由于电源点不足，电网联络关系较乱，不能真正实现互倒互供，设备防风抗灾能力不足。因此，规划期间新增变电站布点、加强网架、改造电网设备等共201个配网项目，除此之外分布式储能可作为电网备用电源，保障一部分重要负荷供电。

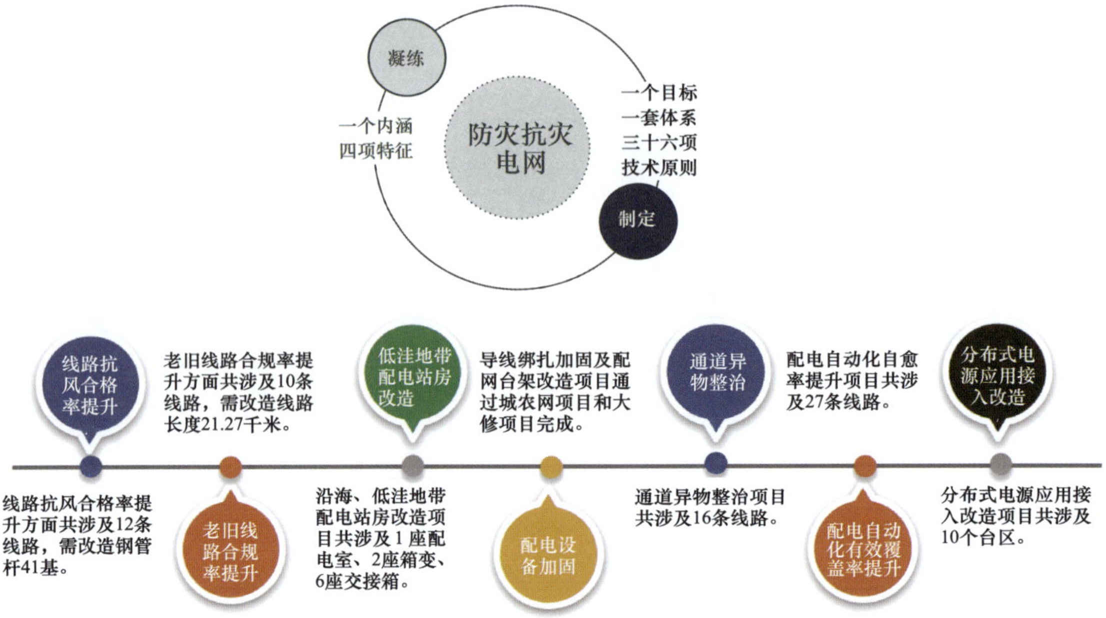

图 15－27　“防灾抗灾的电网”规划思路及提升方案示意图